简单明了
最新版棒针编织基础

日本宝库社　编著

冯莹　译

河南科学技术出版社

·郑州·

第二章

在棒针编织中，除了下针和上针以外，还有许多编织针目，将这些针目组合在一起，就能编织出各种各样的花样。本章将详细地介绍经常使用到的针目及其编织方法。

麻花花样要比想象中的简单！

一点点地减针，变成圆顶。

使用与帽子相同的花样，编织了腿暖。即便是相同的编织花样，但由于线材和物件的不同，给人的印象也变得完全不同。

腿暖 ➡ p.58

帽子（麻花花样）➡ p.59

使用麻花花样编织的帽子。一圈圈地环形编织，依据头部的形状，使用了逐渐减针的技巧。

使用镂空花样，变得更加轻柔。

披肩式马甲 ➡ p.62

这是使用挂针和2针并1针编织出的镂空花样。只需要编织成长方形，就能变为具有垂感、富有魅力的披肩式马甲。让我们使用蓬松的马海毛线来编织吧。

棒针编织符号一览表

符号	针目名称	页码
	下针	22
	上针	22
	挂针	35
	伏针	35
	上针的伏针	35
	扭针	36
	右上2针并1针	36
	左上2针并1针	36
	上针的扭针	37
	上针的右上2针并1针	37
	上针的左上2针并1针	37
	中上3针并1针	38
	右上3针并1针	38
	左上3针并1针	38
	上针的中上3针并1针	39
	上针的右上3针并1针	39
	上针的左上3针并1针	39
	右上4针并1针	40

符号	针目名称	页码
	左上4针并1针	40
	中上5针并1针	40
	右加针	42
	左加针	42
	1针放3针的加针	42
	上针的右加针	43
	上针的左加针	43
	上针的1针放3针的加针	43
	右上1针交叉	44
	左上1针交叉	44
	右上为扭针的1针交叉（下侧为上针）	44
	右上1针交叉（下侧为上针）	45
	左上1针交叉（下侧为上针）	45
	左上为扭针的1针交叉（下侧为上针）	45
	右上2针交叉	46
	右上2针交叉（中间织1针上针）	46
	穿过右针的交叉（包着左针的交叉）	46
	左上2针交叉	47

本书介绍的作品

本书介绍了许多棒针编织的技巧。通过逐步学习，
可以一点点地掌握更多的方法，也可以不断地挑战更多的作品！

第一章

让我们先来学习，每件作品中都会出现的起针和收针，
以及下针和上针的编织方法。
虽说这些是最基础的，但只要掌握了这些，
就能编织出各种各样的东西了。

既有往返编织，
也有环形编织。

推荐大家
加上穗饰！

围巾
➡ p.30

看起来很精致，但实际上只使用了下针和
上针。作为扩展，还介绍了加穗饰的方法。

斗篷
➡ p.32

组合编织起伏针、下针编织、双罗纹针，
再根据情况做往返编织和环形编织，就
完成了这件斗篷。只需要极少的技巧，
就能编织出这样的作品。

符号	针目名称	页码
	左上2针交叉（中间织1针上针）	47
	穿过左针的交叉（包着右针的交叉）	47
	右上2针与1针的交叉	48
	左上2针与1针的交叉	48
	绕线编（绕2圈）	48
	右上2针与1针的交叉（下侧为上针）	49
	左上2针与1针的交叉（下侧为上针）	49
	绕线编（绕3圈）	49
	正拉针（2行的情况）	50
	反拉针（2行的情况）	50
	英式罗纹针（双面拉针）	50
	英式罗纹针（下针为拉针）	51
	英式罗纹针（上针为拉针）	51
	3针、3行的枣形针	52
	5针、5行的枣形针	52
	3针中长针的枣形针（2针立起的锁针）	53
	3针中长针的枣形针	53
	下滑4行的枣形针	54

符号	针目名称	页码
	穿过右针的盖针（3针）	54
	向右拉的盖针（3针）	55
	向左拉的盖针（3针）	55
	穿过左针的盖针（3针）	55
	滑针（1行的滑针）	56
	浮针（1行的浮针）	56
	3卷结编	56
	上针的滑针（1行的滑针）	57
	上针的浮针（1行的浮针）	57
	左上3针交叉	60
	右上3针交叉	60
	1针放2针的加针（下针的加针）	112
	1针放2针的加针（上针的加针）	112

使用方法

打开该编织符号一览表，留在书的外侧。在看作品的编织方法的同时，可以方便地查询。在编织其他书中的作品时，也可以将该书放在手边，随时查看。

第四章

终于要挑战服装编织了！从起针开始，到将各个部件连接成型为止，这里介绍了在编织服装的过程中所需要的各种各样的技巧。

还详细地介绍了 V 领的编织方法。

在服装中编织起来比较简单的背心，最需要掌握的是 V 领的编织方法。费尔岛花样带来了既传统又时尚的感觉。

V 领背心
➡ p.149

挑战一下憧憬了很久的阿兰花样吧！

套头衫
➡ p.152

阿兰花样的套头衫，选择了基础的圆袖设计，请大家一定要学会上衣袖的技巧。圆圆的领口部分，在编织花样的同时，通过减针，形成弧度。

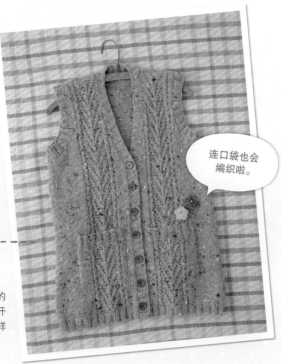

连口袋也会编织啦。

长款马甲
➡ p.153

在前身片上排列了竖长的阿兰花样的开衫款马甲。在编织前门襟的同时开扣眼、缝上口袋等，使用了多种多样的技巧。

第三章

围绕着人气颇高的配色花样，介绍了掌握后编织会更简单的技巧。这里介绍的作品是编织方法简单又十分可爱的配色花样的小物件。

第一次玩配色花样也能完成！

短裙
➡ p.80

无须加、减针，只需要等针直编就能完成的短裙。只需要重复编织小花样，是一款非常简单的设计。

北欧风可爱小杂货

帽子
（配色花样）
➡ p.82

设计成雪花花样的帽子。使用 2 种颜色就能完成，是非常简单的配色花样，略带怀旧的感觉，戴起来却很时尚。

拇指可以单独伸出，是设计的亮点。

半指手套
➡ p.84

使用细线编织出了多彩的半指手套。使用往返编织的方法，在小指侧通过挑针缝合，连接成了筒状。

Contents 目录

第三章

让棒针编织
变得轻松的技巧 —— 64

第四章

服装的编织方法 —— 86

棒针编织的基础

这是从棒针和线的拿法开始的"第一步"的阶段，

介绍编织起点及编织终点的处理方法，以及下针、上针的编织方法等。

这里出现的技巧全都是棒针编织的基础，

一定要牢牢地掌握。

开始编织前…… 准备篇

关于棒针

棒针的粗细由针身的直径决定。使用0号、1号、2号等这样的号数来表示,数字越大针越粗,到15号为止,用"号"表示;更粗的用毫米(mm)表示,称为粗棒针。

种类方面,有一端带堵头的2根针组,有两端都尖尖的4根针组、5根针组,还有将2根较短的棒针使用尼龙线连接在一起的环形针,可根据编织作品的不同而选择使用。

从材质上可分为竹制、塑料制、金属制等。

棒针的种类

带堵头的2根针组

在往返编织时使用。一端带有堵头,可以防止针目从后面滑落。在编织小物件的时候,有时也会使用2根短针。

5根针组、4根针组

在环形编织时,或是在针目较多、1根棒针上排不下等情况时使用。两端都可以编织,如果安上棒针帽,就可以像2根针组一样使用。还有短款的。

环形针

在环形编织时使用。不用担心针目从后端滑落。由于两端的棒针较短,做往返编织时使用也比较方便。经常使用的长度有40cm、60cm、80cm,除此之外还有23cm、120cm等。

棒针的实物大小照片

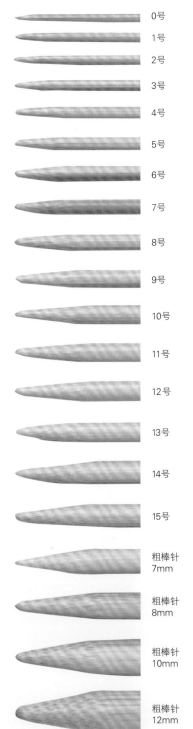

0号
1号
2号
3号
4号
5号
6号
7号
8号
9号
10号
11号
12号
13号
14号
15号
粗棒针 7mm
粗棒针 8mm
粗棒针 10mm
粗棒针 12mm

其他工具

除了编织时必须用到的毛线缝针和线剪之外，
这里还为大家介绍了一些便利的工具。

毛线缝针
在收针、缝合、处理
编织终点的线头、刺
绣等情况时使用。针
尖为圆头，不容易将
线劈开。

针数环
在环形编织时，可以标示圈的
交界；针数较多时，可以区分
花样。使用时，穿到棒针上。

行数别针、行数环
可以简单地标示行数。行数别
针（左），是不容易从针目上掉
落的安全别针的类型。也可以
当作针数环使用。

圆头珠针
在缝合时，用于临时
固定。针尖为圆头，
不会将线劈开。

棒针帽
安在棒针的顶端，防
止针目滑落。

卷尺
用于确认编织物的尺寸。

扁平头珠针
收尾熨烫时，可以将织
片牢固地固定到熨衣板
上。

防脱别针
休针时使用。可将两
端的保护帽摘下，直
接当作棒针使用的双
开防脱别针（左）更
为方便。

配色用绕线板
使用多种颜色的线编织配色花
样时，使用起来非常方便。可
以将线卡在开口处。

线剪
推荐使用头部较尖、刀刃
锋利的手工艺专用剪刀。

钩针
用于起针、接合、钩
织枣形针等。钩针与
棒针相同，也有不同
的粗细，要根据线的
粗细进行选择。

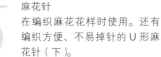

麻花针
在编织麻花花样时使用。还有
编织方便、不易掉针的U形麻
花针（下）。

关于线材

线材包含的种类多种多样。羊毛、棉线、亚麻（麻）等，不仅在材质上有所区别，形状上也丰富多彩，除了传统的平直毛线（Straight Yarn），还有圈圈线（Loop Yarn）、马海毛线（Mohair）、粗花呢线（Tweed）、无捻线（Roving Yarn）等。

对于初学者来说，最适合使用中粗至极粗的平直毛线，如果想编织作品的话，也推荐使用苏格兰毛呢线等接近于平直毛线但却带着些许变化的毛线。在没有熟练之前，针目有大有小的情况会比较常见，使用略有变化的毛线，可以掩饰这样的不足，提升整体的效果。

与此相反，马海毛线等由于表面的毛较长，很容易缠绕到一起，要多加注意。另外，即便是平直毛线，如果选用细线，编织进度也会比较慢，完成作品的时间也会更长。可以在熟悉了这些线材之后，再进行挑战。

线的粗细及适用的针号参考

（线材）	线的粗细 / 针号
	极细 / 0、1号
	细 / 1~3号
	中细 / 3~5号
	粗 / 4、5号
	中粗 / 6~8号
	极粗 / 9~15号
	超级粗 / 粗棒针

※照片为实物大小

商品标签上的信息

线团上的商品标签，记录了有关该线材的全部信息。不要马上扔掉，请保存到编织完成吧。

线的名称
色号

线的重量及线长
通过线的重量及线长，可以了解线的粗细。重量相同时，线越长则线越细。

推荐用针
编织该线所适用的针的大致情况。根据编织者所编织的针目的状态及喜好会有不同，并不是规定的必须使用的针号。

缸号
染线时所使用的染缸的编号。即便是色号相同，若缸号不同，颜色也会有细微的差别。在线不够需要补买的时候，需要提供。

线的材质、含量
标准编织密度
使用推荐的棒针做下针编织后，10cm×10cm的区域内，标准的针数与行数。制作作品时可进行参考。

洗涤标志
与成品服装相同，标示了洗涤、熨烫等处理方法的要求。（这里的符号与国内不太一致，仅起示例作用。）

和麻纳卡
Rich More
Spectre Modem

COL. 9 LOT. A

4 977444 977099

材质　羊毛100%
标准重量　40g/团（约80m）
标准编织密度　18针23行
推荐用针　棒针8-10号
用针　和麻纳卡 amiami 手编针
洗涤方法

试着使用各种各样的线来编织吧！

即便是编织相同的物件，使用不同粗细、形状的线，还是会出现这么多不同的效果哟。

段染人造丝线（8 号）

马海毛线（4 号）

平直毛线（6 号）

粗花呢线（9 号）

马海毛线（8 号）

平直毛线（5 号）

马海毛线（3 号）

平直毛线（4 号）

圈圈线（11 号）

竹节纱线（9 号）

马海毛线（7 号）

那么，开始编织吧！

从线团中将线拉出的准备

商品标签的上下不要颠倒，从线团的中心找到线头，将线拉出。找不到线头时，将中心的一小撮线都拉出至线团外，再寻找线头。如果从线团外侧的另一个线头开始编织的话，在拉线的过程中线团会转来转去，不便于编织，让我们从线团的内侧开始使用吧。

如果商品标签是穿过线团中心的洞的话，将商品标签拆下来后，使用同样的方法找到线头并拉出即可。商品标签上有关于该线材的全部信息，请不要扔，保存下来吧。

基本的起针

完成编织起点最初的针目叫作"起针"。在这里将为大家介绍4种基本的起针方法。

手指起针

最常用的基本的起针方法，织好的边儿具有适当的伸缩性，可以用于各种各样的织片的编织起点。

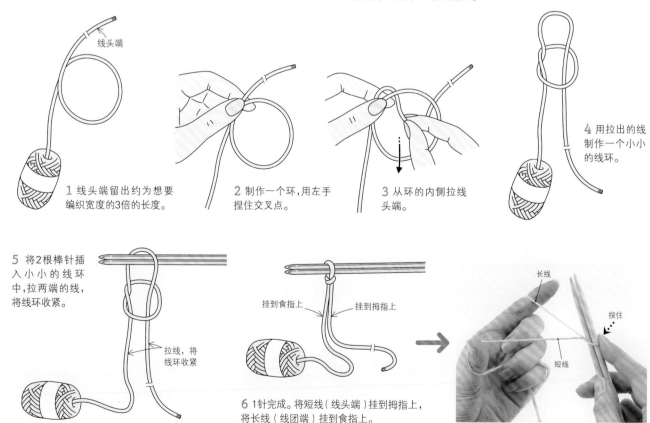

线头端

1 线头端留出约为想要编织宽度的3倍的长度。

2 制作一个环，用左手捏住交叉点。

3 从环的内侧拉线头端。

4 用拉出的线制作一个小小的线环。

5 将2根棒针插入小小的线环中，拉两端的线，将线环收紧。

拉线，将线环收紧

挂到食指上   挂到拇指上

6 1针完成。将短线（线头端）挂到拇指上，将长线（线团端）挂到食指上。

长线   短线   按住

将线挂到手指上后的样子。

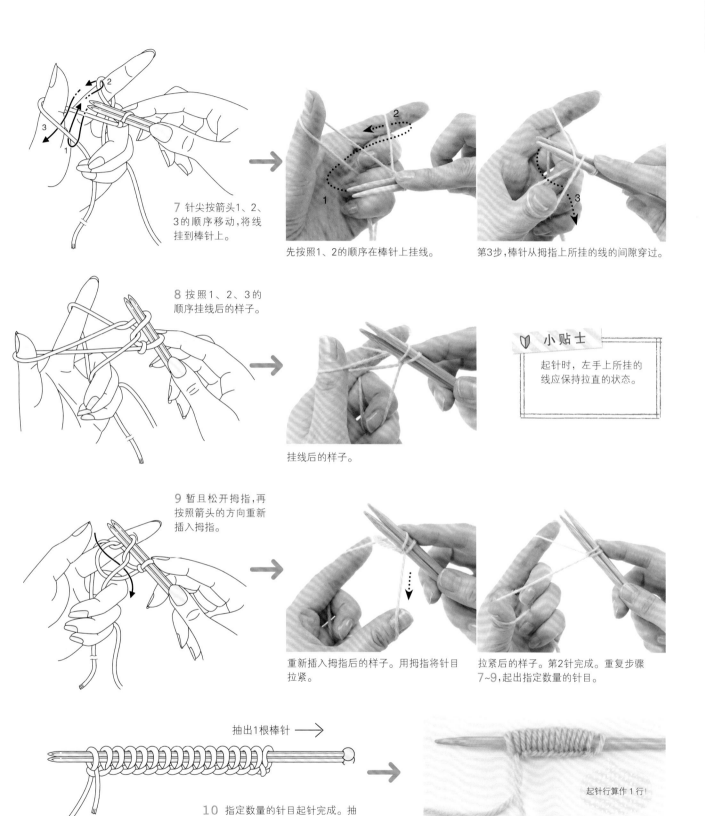

7 针尖按箭头1、2、3的顺序移动,将线挂到棒针上。

先按照1、2的顺序在棒针上挂线。

第3步,棒针从拇指上所挂的线的间隙穿过。

8 按照1、2、3的顺序挂线后的样子。

挂线后的样子。

♥ 小贴士

起针时,左手上所挂的线应保持拉直的状态。

9 暂且松开拇指,再按照箭头的方向重新插入拇指。

重新插入拇指后的样子。用拇指将针目拉紧。

拉紧后的样子。第2针完成。重复步骤7~9,起出指定数量的针目。

抽出1根棒针 ⟶

10 指定数量的针目起针完成。抽出1根棒针。

起针行算作1行!

手指起针完成。

第一章

17

另线锁针起针

毛衣的下摆、袖口等，最后需要反向编织时，所使用的钩针起针的方法。另线锁针在编织完成之后，需要拆掉并进行挑针，使用与实际编织线不同的线钩织。

挂线的方法及钩针的拿法

1 线头留在手掌前，如图在左手上挂线。

2 用拇指和中指捏住线头，用食指将线拉直。

用拇指和食指轻轻地拿着钩针，用中指辅助。针头钩儿的部分朝下。

钩织另线锁针　※ 使用与实际编织线不同的线钩织

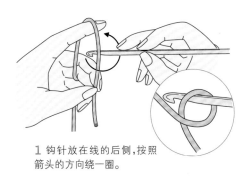

1 钩针放在线的后侧，按照箭头的方向绕一圈。

用拇指和中指按住

2 用手指按住交叉点，在钩针上挂线。

挂线后的样子。

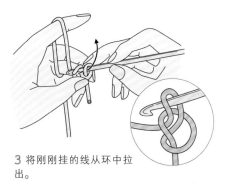

3 将刚刚挂的线从环中拉出。

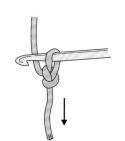

4 拉线头，将环收紧。

拉紧后的样子。

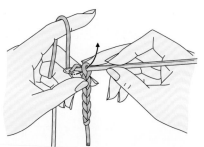

5 重复在钩针上挂线、拉出，钩织比所需针数略多几针的锁针。

6 最后再一次挂线，引拔。

剪断

保持引拔的状态，将钩针向上拉。将线拉出适当的长度后剪断。

另线锁针钩织完成。

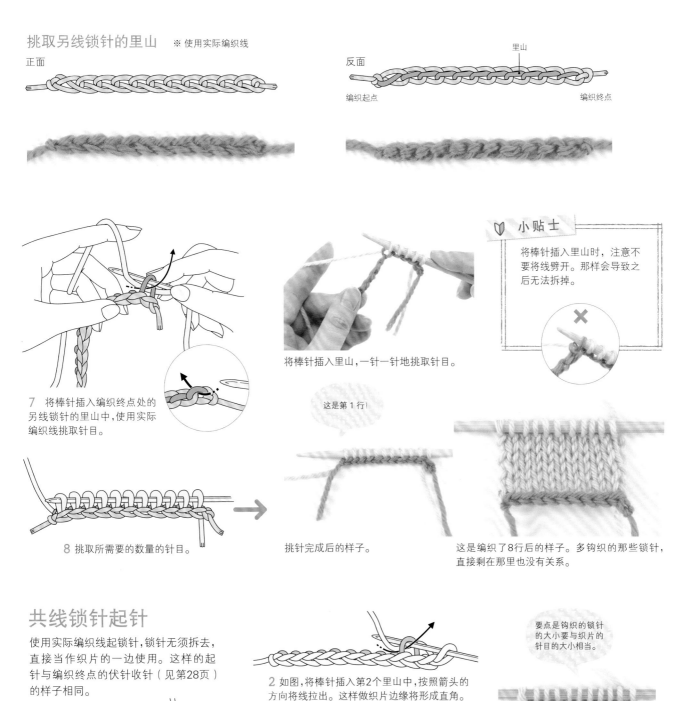

挑取另线锁针的里山　※使用实际编织线

正面

反面

里山

编织起点　　　　　　　　　　　　　　　　编织终点

💚 小贴士

将棒针插入里山时，注意不要将线劈开。那样会导致之后无法拆掉。

✕

将棒针插入里山，一针一针地挑取针目。

这是第1行！

7 将棒针插入编织终点处的另线锁针的里山中，使用实际编织线挑取针目。

8 挑取所需要的数量的针目。

挑针完成后的样子。

这是编织了8行后的样子。多钩织的那些锁针，直接剩在那里也没有关系。

共线锁针起针

使用实际编织线起锁针，锁针无须拆去，直接当作织片的一边使用。这样的起针与编织终点的伏针收针（见第28页）的样子相同。

要点是钩织的锁针的大小要与织片的针目的大小相当。

1 使用钩针起所需要的数量的针目，将最后的针目移至棒针上。所移动的针目为第1针。

2 如图，将棒针插入第2个里山中，按照箭头的方向将线拉出。这样做织片边缘将形成直角。

3 从每个里山中挑取1针。挑出来的这一行，算作第1行。

这是编织了8行后的样子。

环形起针

帽子、手套等，需要一圈圈地环形编织时的起针方法。可以选择使用4根针组、5根针组、环形针中的任意一种。

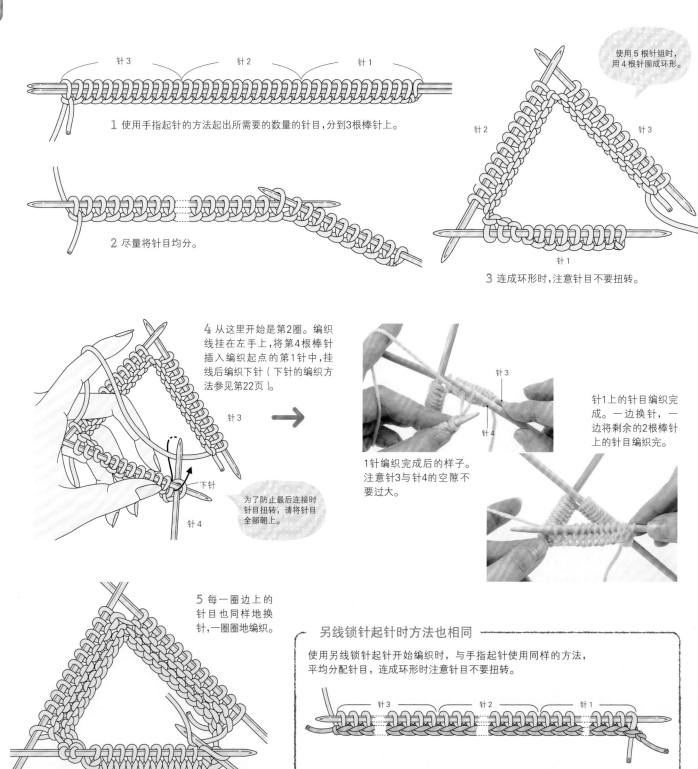

针3　　　针2　　　针1

1 使用手指起针的方法起出所需要的数量的针目，分到3根棒针上。

2 尽量将针目均分。

使用 5 根针组时，用 4 根针围成环形。

针2　　　针3

针1

3 连成环形时，注意针目不要扭转。

4 从这里开始是第2圈。编织线挂在左手上，将第4根棒针插入编织起点的第1针中，挂线后编织下针（下针的编织方法参见第22页）。

针3

下针

针4

为了防止最后连接时针目扭转，请将针目全部朝上。

针3

针4

1针编织完成后的样子。注意针3与针4的空隙不要过大。

针1上的针目编织完成。一边换针，一边将剩余的2根棒针上的针目编织完。

5 每一圈边上的针目也同样地换针，一圈圈地编织。

另线锁针起针时方法也相同

使用另线锁针起针开始编织时，与手指起针使用同样的方法，平均分配针目，连成环形时注意针目不要扭转。

针3　　　针2　　　针1

怎么办？

棒针交界处的针目变整齐的方法

棒针交界处的针目容易变松，有时看起来就像是出现了条纹，特别明显。在编织交界处的针目时，每次都略微错开一点，就可以解决这个问题，请尝试一下。

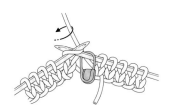

1 在第2圈的编织终点处放一个行数别针（或针数环），使用同一根针，再多编织几针。

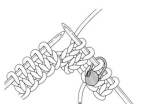

2 这是编织了2针之后的样子。在这个地方换针。

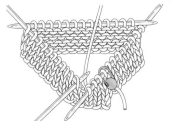

3 编织的时候重复"多编织几针，再换针"。编织到行数别针处时，即为一圈编织完成。

针数多的时候使用环形针吧！

1 使用4根针组中的2根针起针后，再移到环形针上。

1 * 使用环形针和1根棒针起针，再将棒针抽出也可以。

2 将起针针目移到了环形针上。

3 放入行数别针后，开始编织第2圈。

4 编织了5针。继续编织。

5 第2圈编织完成。移动行数别针后，再一圈圈地编织。

6 使用环形针不但省去了换针的麻烦，而且没有交界处的针目，看起来更漂亮。

其实环形针还可以这么用！

不连接成环形，翻到正面和反面，进行往返编织也可以。在针数较多导致针目在1根针上排不下的情况下，使用环形针会非常方便。

将织片推向其中一根针，用另一根针编织。

织片挂在中间的连接线上，不用担心两端的针目会滑落。

基本的编织方法

棒针编织中最基本的针目是下针和上针。
这两种针法正反相对,下针从反面看是上针,上针从反面看是下针。

挂线的方法及棒针的拿法

还有这样的拿法。

这里介绍的是将线挂在左手上的拿法(法式)。将线拉紧,轻轻地拿着棒针。本书中的图片及照片均是使用这种方法拿针而进行解说的。

挂在左手食指上的长线,再穿过无名指和小指之间。

将线挂在右手上编织的方法(美式)。

☐ 下针 (☐ = 下针的符号)

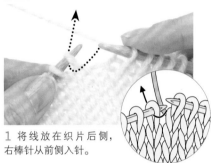

1 将线放在织片后侧,右棒针从前侧入针。

2 挂线后,将线从前侧拉出。

3 这是刚拉出时的样子。将左棒针从针目中退出。

☐ 上针 (☐ = 上针的符号)

4 下针编织完成。

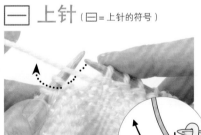

1 将线放在织片前侧,右棒针从后侧入针。

2 针插入后的样子。

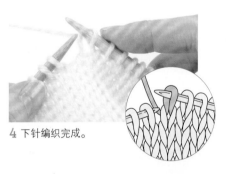

3 挂线后,将线从后侧拉出。

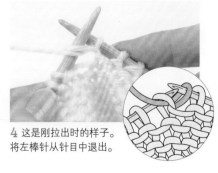

4 这是刚拉出时的样子。将左棒针从针目中退出。

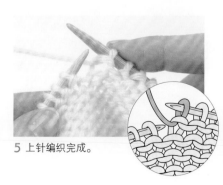

5 上针编织完成。

针目正确的形状

下针

●正确的针目

○

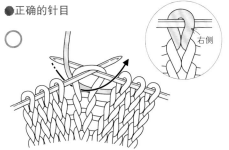

右侧的线挂在棒针的前侧,根部分开。

●错误的针目

针目扭转 ✕

由于入针的方向不同,前一行的针目被扭了。

反向 ✕

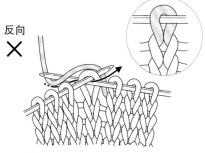

挂线的方法不对。

上针

●正确的针目

○

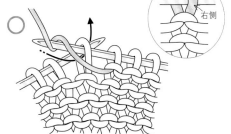

右侧的线挂在棒针的前侧,根部分开。

●错误的针目

反向 ✕

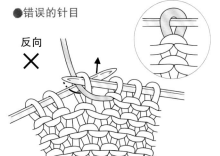

挂线的方法不对。

在编织的过程中,针目滑落等时,要保证针目以正确的形状挂回棒针上。

怎么办?

编好上针的方法

挂线后很难将线拉出时,可以使用左手略微地进行辅助,编织会容易很多。

在右棒针上挂线。

方法1

用左手的中指或食指将挂上的线向下按,再拉出。

方法2

或者,将左手直接向前侧倒,将挂上的线向下带,再拉出。

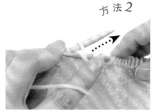

小贴士

不要将线劈开!

把针插入线的中间叫作"将线劈开"。若编织时将线劈开,作品将变得不漂亮,所以编织时不要将线劈开。

入针的时候将线劈开了。

在挂线的时候将线劈开了。

编织时将线劈开后所完成的织片。

下针编织

下针编织，是棒针编织中最常用的编织方法。在正面编织的行编织下针，在反面编织的行编织上针。特点是织片的边儿会变得卷曲。符号图的看法参见第27页。

符号图

→⑩

←⑤

→②
①起针

11 10　　　5　　　1

实际编织时……

⑩⇒　←⑨
⑧⇒　←⑦
⑥⇒　←⑤
④⇒　←③
②⇒　←①

第1行（起针）

1 使用手指起针的方法起11针。

第2行（从反面编织的行）

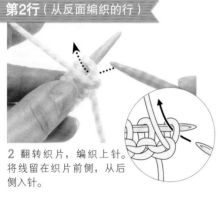

2 翻转织片，编织上针。将线留在织片前侧，从后侧入针。

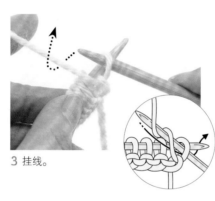

3 挂线。

4 将挂上的线拉出，从针目中退出左棒针。

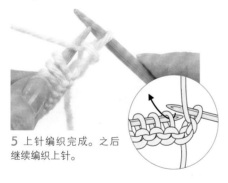

5 上针编织完成。之后继续编织上针。

6 编织了4针后的样子。继续编织。

7 第2行编织完成。

第3行（从正面编织的行）

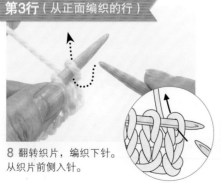

8 翻转织片，编织下针。从织片前侧入针。

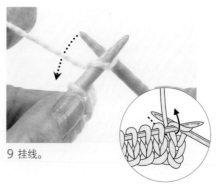

9 挂线。

10 将挂上的线拉出，从针目中退出左棒针。

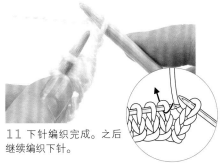
11 下针编织完成。之后继续编织下针。

12 编织了4针后的样子。

13 第3行编织完成。

反面

14 编织完成10行后的样子。

> **编织时从右向左**
> 编织时，一直都是从右向左、从下向上。每编织完成1行，都要翻转织片，交替地看着正、反面编织。

怎么办？

编织的过程中针目滑落了！

在编织的过程中针目不小心滑落了，或者发现有编织错误的地方时，如果编织的是基本的针目，可以简单地进行修正。

①针目滑落时

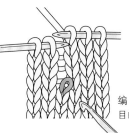
编织到滑落针目的对应位置。

②编织错误时

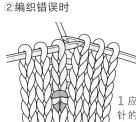
1 应该编织下针的地方，编织成了上针。

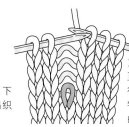
2 将针目松开至编织错误的行，使之成为与针目滑落时相同的状态。

修正的方法

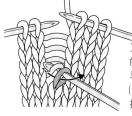
1 把钩针插入滑落的针目中，挑取针目与针目之间的下半弧（渡线），纵向逐一引拔。

注意针目的朝向

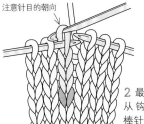
2 最后将针目从钩针移至左棒针上。

> 在编织错误的情况下，若是由多种针目组成的花样，修正起来会比较困难。此时，推荐大家将织片拆至出现错误的行，再重新编织。在重新编织之前，将拆开的线熨烫一下（见第148页）为好。

下针与上针的各种织片

上针编织
与下针编织相反，是排列着上针的织片。从正面编织的行编织上针，从反面编织的行编织下针。特点是织片的边儿会变得卷曲。

符号图　　　　　　　　　　　　　实际编织时……

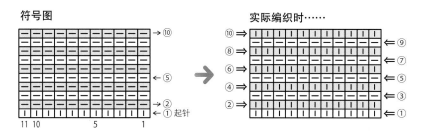

上针编织

起伏针
可以看到交替的1行下针、1行上针的织片，整体较厚。无论是从正面编织的行还是从反面编织的行都编织下针。织片易于横向延伸，因此手指起针时只使用1根棒针起针。

符号图　　　　　　　　　　　　　实际编织时……

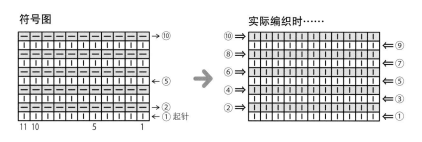
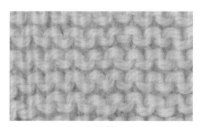

起伏针

罗纹针
交替地编织下针与上针，形成具有伸缩性的织片。有1针交替编织的单罗纹针以及2针交替编织的双罗纹针等。

符号图　　　　　　　　　　　　　实际编织时……

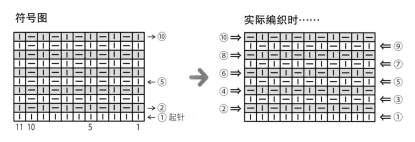

单罗纹针

桂花针
针目与行都是按照规则交替地编织下针、上针。有1针1行的桂花针和2针2行的桂花针等。能够编织出凹凸不平、具有立体感的织片。

符号图　　　　　　　　　　　　　实际编织时……

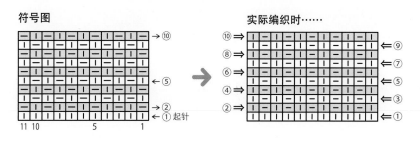

1针1行的桂花针

符号图的看法

用来表示编织针目的符号，被称为"编织符号"，将它们组合在一起，成为符号图，来表示怎样编织。
符号图所表示的是从正面看到的针目的状态。符号图中的箭头表示的是编织进行的方向。
由右向左进行的是从正面编织的行，由左向右进行的是从反面编织的行（绿色格子中的针目）。

下针编织的符号图

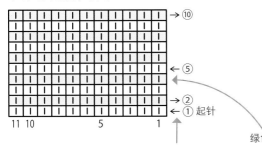

表示的是编织进行的方向。

实际编织时……

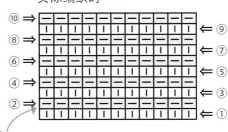

绿色格子中的针目是从反面编织的。由于符号图中是下针，所以实际编织上针。

🔖 小贴士

环形编织时，就按照符号图编织

环形编织时，由于全部是从正面编织的行，所以直接按照符号图编织即可。图中箭头的方向，不管是哪一行都是由右向左。

环形编织时的符号图

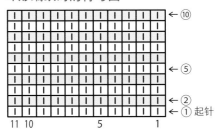

针目的形状、结构及数法

针目的形状

这里显示了下针和上针的 1 针、1 行的形状。

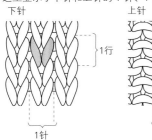

针目的结构

针目中挂在棒针上的部分叫作上半弧，针目与针目之间的渡线叫作下半弧。

针目的数法

横向上有多少个针目是针数，纵向上有多少个针目是行数。挂在棒针上的针目也算作 1 行。

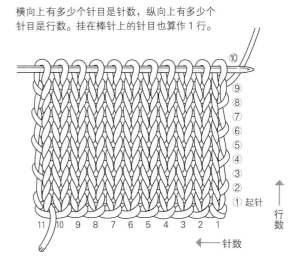

基本针目的收针方法

为了让从棒针上退下来的针目不散掉，要进行收针。根据用途不同，收针有各种各样的方法，
这里将向大家介绍最为常用的伏针收针的方法。

伏针收针 是使用棒针和正在编织的线，一边编织一边收针的方法。
因为可以固定没有伸缩性的织片的宽度，所以收针的时候注意不要时松时紧。

下针的伏针收针

1 编织2针下针。

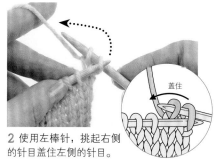

2 使用左棒针，挑起右侧的针目盖住左侧的针目。

3 盖住后的样子。下一针编织下针。

4 用右侧的针目盖住左侧的针目。重复"编织1针下针、盖住"。

5 最后将剪断的线头，从右棒针上的针目中穿过，拉紧。

上针的伏针收针

1 编织2针上针。

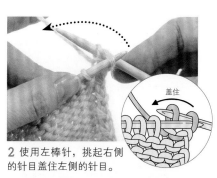

2 使用左棒针，挑起右侧的针目盖住左侧的针目。

3 盖住后的样子。下一针编织上针。

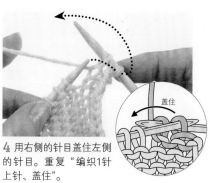

4 用右侧的针目盖住左侧的针目。重复"编织1针上针、盖住"。

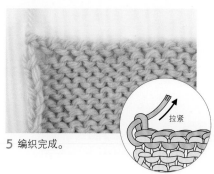

5 编织完成。

配合织片进行伏针收针

交替地编织下针和上针的罗纹针织片，要配合着下侧的下针和上针进行伏针收针。除罗纹针以外的编织花样，为了不破坏花样，有时也会根据情况编织下针和上针进行伏针收针。

单罗纹针的伏针收针

`— | — | — | — |` ←

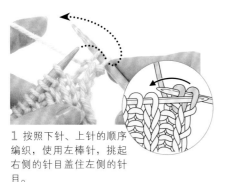 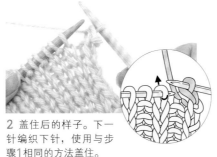 

1 按照下针、上针的顺序编织，使用左棒针，挑起右侧的针目盖住左侧的针目。

2 盖住后的样子。下一针编织下针，使用与步骤1相同的方法盖住。

3 重复"编织1针上针、盖住，编织1针下针、盖住"直至最后。

换线的方法

可以分为在织片的两端换线、在织片的中间换线、将线头连接在一起等三种方法。在织片的两端换线织出的织片最漂亮，所以推荐大家使用。

在织片的两端换线

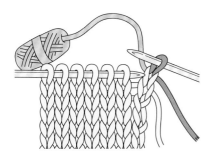

1 从边上加入新的线开始编织。

藏线头

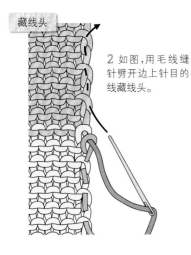

2 如图，用毛线缝针劈开边上针目的线藏线头。

将线头连接在一起（人字结）

 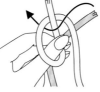 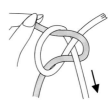

1 将2根线交叉，B线在上。

2 按住交叉点，用A线做一个环，将B线的线头穿入其中。

3 拉住右下的线，收紧。

4 编织时，要注意将打结的部分留在织片反面。不要解开人字结，直接藏线头。

在织片的中间换线

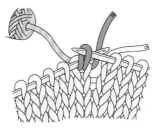 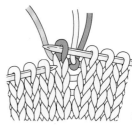

1 留出约10cm长的线头，加入新线编织。

2 在反面将2个线头轻轻地打一个结备用。

藏线头

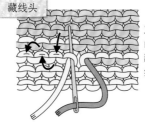 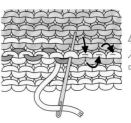

3 解开用线头打的结，右侧的线头藏入左侧针目的线中。

4 左侧的线头藏入右侧针目的线中。

尝试编织作品吧！

学会了下针与上针之后，就已经可以编织作品了。
初学者，先从围巾开始吧！

a

b

✳ 围巾

这是排列着小小的菱形花样的、
略带一些立体感的编织花样。
蓝色的围巾，选用了带有棉结点缀的
苏格兰毛呢线。
如果大家喜欢的话，推荐加上穗饰。

设计 / 柴田 淳
制作 /Stag beetle
使用线 /a 和麻纳卡 Sonomono Alpaca Wool
　　　b 和麻纳卡 Aran Tweed

【围巾的编织方法】

✖ 线…a：和麻纳卡 Sonomono Alpaca Wool 灰色（44）120g；
b：和麻纳卡 Aran Tweed 蓝色（13）80g ※线量中不含穗饰部分。

✖ 针…棒针 a：12 号；b：10 号

✖ 编织密度…10cm×10cm 面积内 a：15 针、23 行；b：16 针、24 行
└ 针目的大小。记录的是 10cm×10cm 面积内有几针、几行（见第 65 页）

✖ 成品尺寸…a：宽 12.5cm，长 147cm；b：宽 12cm，长 141cm

编织要点

手指起针起 19 针，按编织花样编织。编织花样为 6 针、6 行的重复。338 行编织完成后，做下针的伏针收针。在织片的反面藏线头。如要加穗饰，使用 3 根 20cm 长的线一组，用钩针连接到围巾上。

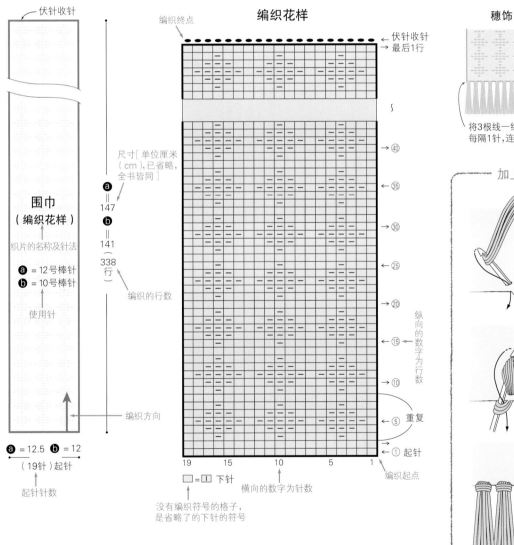

伏针收针

围巾
（编织花样）

织片的名称及针法

ⓐ = 12 号棒针
ⓑ = 10 号棒针

使用针

ⓐ = 12.5　ⓑ = 12
（19 针）起针

起针针数

编织方向

编织花样

编织终点

伏针收针
最后 1 行

尺寸[单位厘米（cm），已省略，全书皆同]

ⓐ = 147
ⓑ = 141
（338 行）

编织的行数

纵向的数字为行数

重复

起针

编织起点

19　　15　　　10　　　5　　1

□ = 下针

横向的数字为针数

没有编织符号的格子，是省略了的下针的符号

穗饰

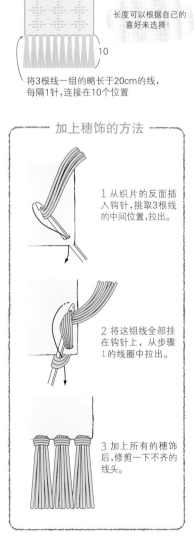

长度可以根据自己的喜好来选择！

10

将 3 根线一组的略长于 20cm 的线，每隔 1 针，连接在 10 个位置

加上穗饰的方法

1 从织片的反面插入钩针，挑取 3 根线的中间位置，拉出。

2 将这组线全部挂在钩针上，从步骤 1 的线圈中拉出。

3 加上所有的穗饰后，修剪一下不齐的线头。

✳ 斗篷

将起伏针、下针编织、双罗纹针组合在了一起。
由于使用的是颜色会变化的段染线，
所以整体呈现出了柔和感觉的条纹花样。

设计 / 冈本真希子　制作 / 大石菜穗子
使用线 / 和麻纳卡 Rich More Bacara Epoch

【斗篷的编织方法】

✖ 线…和麻纳卡 Rich More Bacara Epoch 米色系段染〔250〕270g
✖ 针…棒针 8 号、6 号（使用环形针时为 60cm）
✖ 编织密度…10cm×10cm 面积内：起伏针 18 针、30 行，下针编织 18 针、24 行
✖ 成品尺寸…衣长 37cm

编织要点

手指起针起 202 针，往返编织起伏针。编织 32 行后，改为下针编织，编织 10 行。
在第 11 行，将编织起点与编织终点的针目分别做 2 针并 1 针。从下一行开始，
不再翻转织片，编织起点的针目编织下针，连接成环形，之后进行环形编织。
下针编织共编织 38 圈后，换为 6 号棒针，编织 30 圈双罗纹针，其中在第 1
圈要重复"编织 3 针、做一次 2 针并 1 针"，共减针 40 针。再换为 8 号棒针
编织 30 圈，编织终点伏针收针。

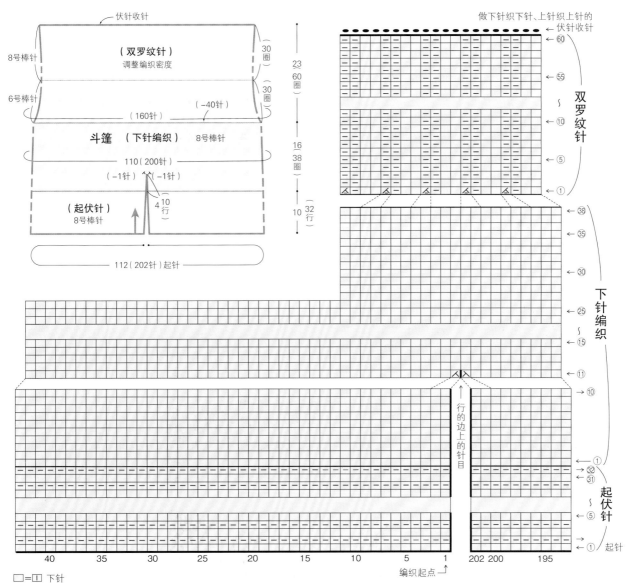

□=① 下针
☑= 左上 2 针并 1 针（见第 36 页） ☒= 右上 2 针并 1 针（见第 36 页） ☒= 上针的左上 2 针并 1 针（见第 37 页）

第二章

各种
编织符号的编织方法

在编织的图书中，会出现各种各样的编织符号。

编织符号是根据 JIS（日本工业规范）而定的，

将这些编织符号组合在一起，可以表示出复杂的花样。

编织符号很多，

这里选取一些使用频率较高的编织符号，介绍它们的编织方法。

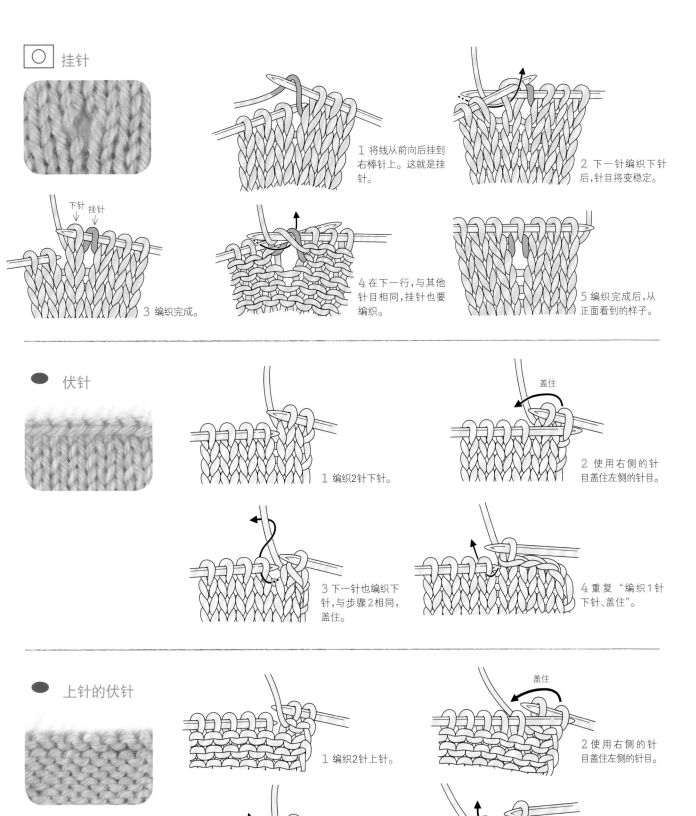

○ 挂针

1 将线从前向后挂到右棒针上。这就是挂针。

2 下一针编织下针后，针目将变稳定。

下针 挂针

3 编织完成。

4 在下一行，与其他针目相同，挂针也要编织。

5 编织完成后，从正面看到的样子。

● 伏针

1 编织2针下针。

盖住

2 使用右侧的针目盖住左侧的针目。

3 下一针也编织下针，与步骤2相同，盖住。

4 重复"编织1针下针、盖住"。

● 上针的伏针

1 编织2针上针。

盖住

2 使用右侧的针目盖住左侧的针目。

3 下一针也编织上针，与步骤2相同，盖住。

4 重复"编织1针上针、盖住"。

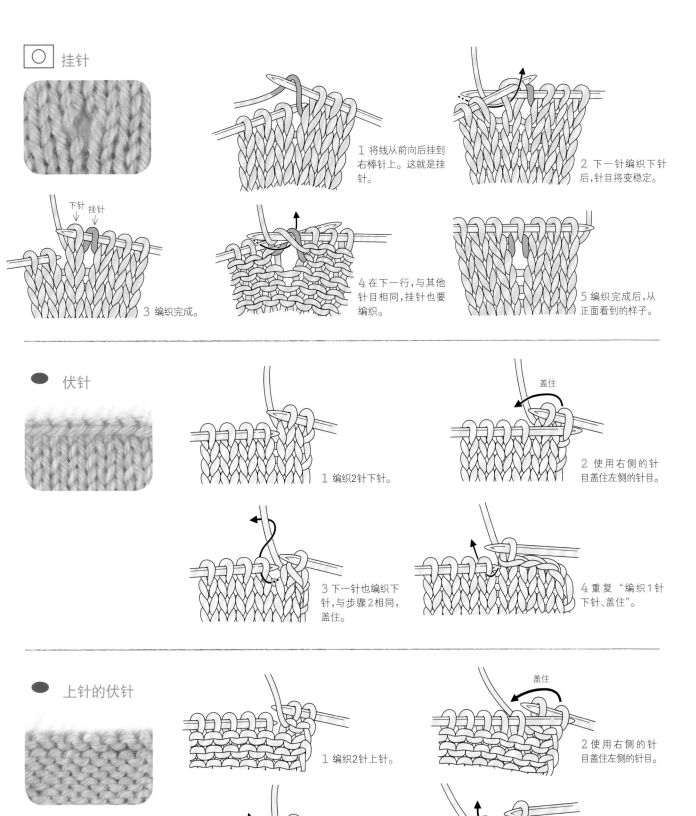

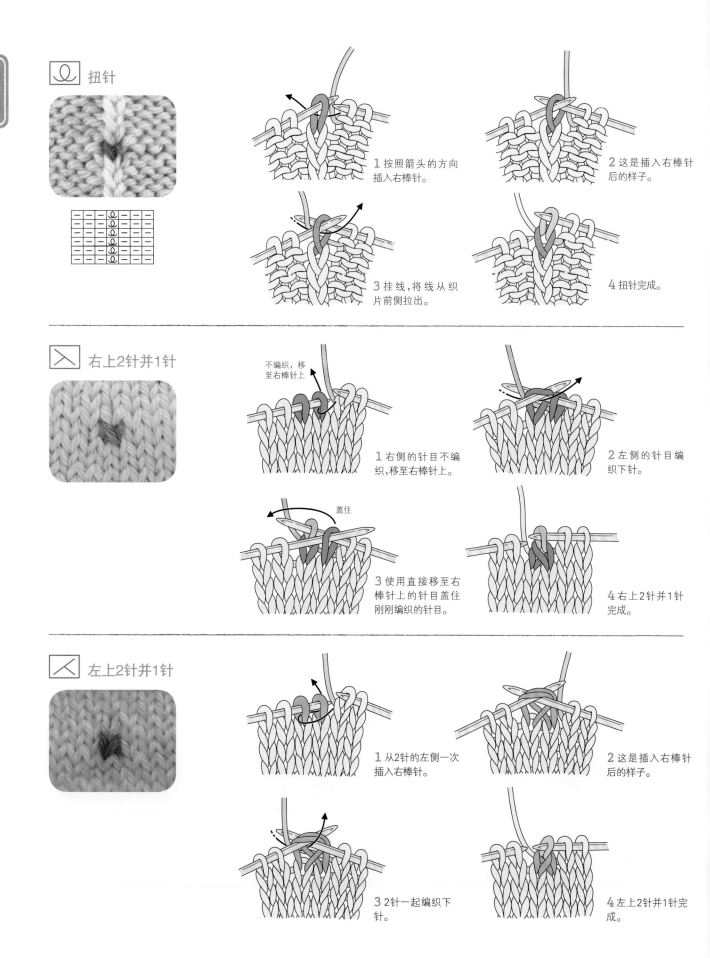

扭针

1 按照箭头的方向插入右棒针。

2 这是插入右棒针后的样子。

3 挂线,将线从织片前侧拉出。

4 扭针完成。

右上2针并1针

不编织,移至右棒针上

1 右侧的针目不编织,移至右棒针上。

2 左侧的针目编织下针。

盖住

3 使用直接移至右棒针上的针目盖住刚刚编织的针目。

4 右上2针并1针完成。

左上2针并1针

1 从2针的左侧一次插入右棒针。

2 这是插入右棒针后的样子。

3 2针一起编织下针。

4 左上2针并1针完成。

第二章

 上针的扭针

1 线留在织片前侧，按照箭头的方向插入右棒针。

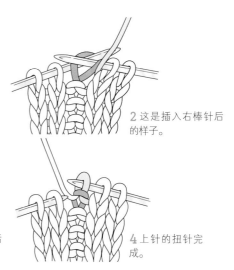

2 这是插入右棒针后的样子。

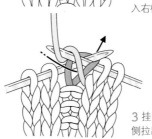

3 挂线,将线从织片后侧拉出。

4 上针的扭针完成。

 上针的右上2针并1针

1 2针均不编织,分别移至右棒针上。

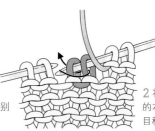

2 将左棒针从2针的右侧插入,将针目移回。

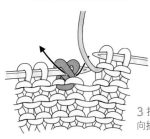

3 按照箭头的方向插入右棒针。

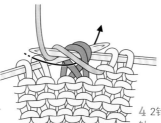

4 2针一起编织上针。

5 上针的右上2针并1针完成。

 上针的左上2针并1针

1 从2针的右侧一次插入右棒针。

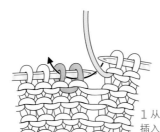

2 这是插入右棒针后的样子。

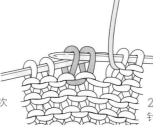

3 2针一起编织上针。

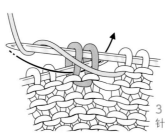

4 上针的左上2针并1针完成。

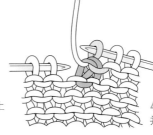

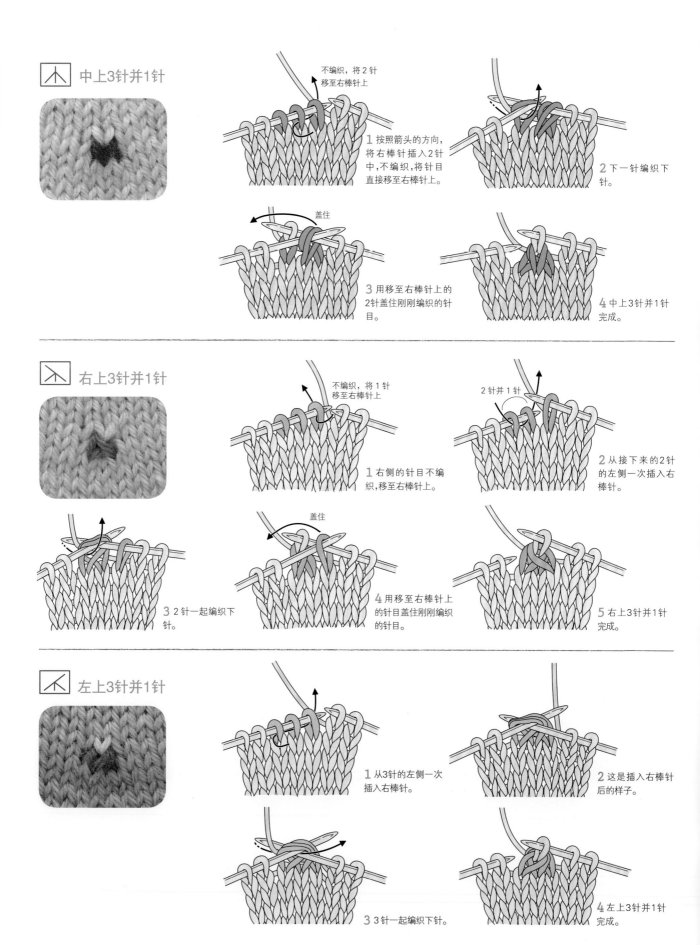

中上3针并1针

1 按照箭头的方向，将右棒针插入2针中，不编织，将针目直接移至右棒针上。

不编织，将2针移至右棒针上

2 下一针编织下针。

盖住

3 用移至右棒针上的2针盖住刚刚编织的针目。

4 中上3针并1针完成。

右上3针并1针

1 右侧的针目不编织，移至右棒针上。

不编织，将1针移至右棒针上

2 从接下来的2针的左侧一次插入右棒针。

2针并1针

3 2针一起编织下针。

4 用移至右棒针上的针目盖住刚刚编织的针目。

盖住

5 右上3针并1针完成。

左上3针并1针

1 从3针的左侧一次插入右棒针。

2 这是插入右棒针后的样子。

3 3针一起编织下针。

4 左上3针并1针完成。

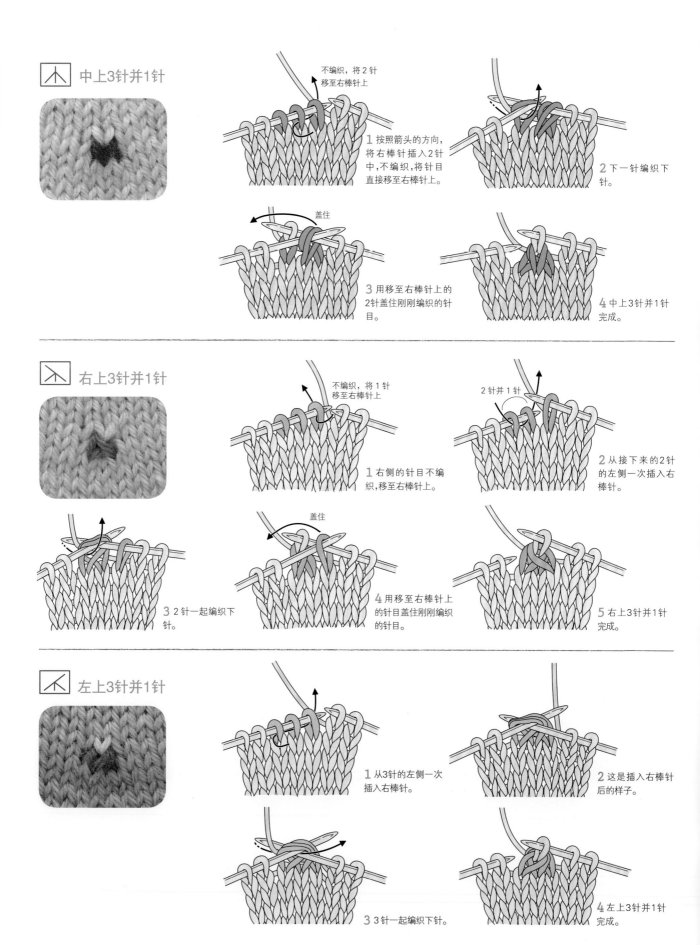

↑ 上针的中上3针并1针

不编织，将3针移至右棒针上

1 按照箭头的方向，将3针分别移至右棒针上（第1针入针的方向与其他2针不同，请注意）。

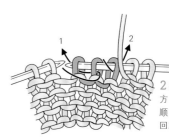

2 按照箭头的方向和1、2的顺序，将针目移回左棒针。

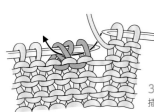

3 将右棒针一次插入3针中。

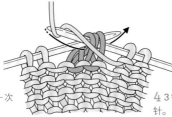

4 3针一起编织上针。

5 上针的中上3针并1针完成。

↗ 上针的右上3针并1针

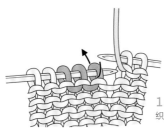

1 右侧的针目不编织，移至右棒针上。

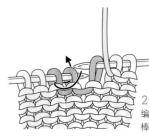

2 接下来的2针不编织，一起移至右棒针上。

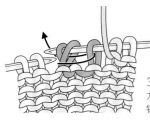

3 按照箭头的方向插入左棒针，将针目移回。

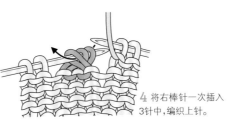

4 将右棒针一次插入3针中，编织上针。

5 上针的右上3针并1针完成。

↖ 上针的左上3针并1针

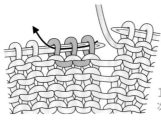

1 从3针的右侧一次插入右棒针。

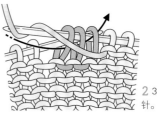

2 3针一起编织上针。

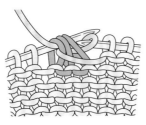

3 将线拉出后，把左棒针从针目中退出。

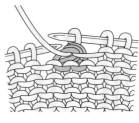

4 上针的左上3针并1针完成。

 右上4针并1针

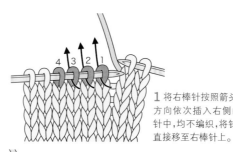

1 将右棒针按照箭头的方向依次插入右侧的3针中,均不编织,将针目直接移至右棒针上。

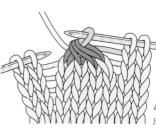

2 第4针编织下针。

3 刚刚移至右棒针上的3针按照由左至右的顺序一针一针地依次盖住。

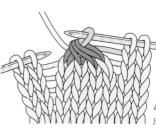

4 右上4针并1针完成。

 左上4针并1针

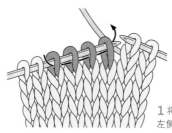

1 将右棒针从4针的左侧一次插入。

2 4针一起编织下针。

3 将线拉出,退出左棒针。

4 左上4针并1针完成。

 中上5针并1针

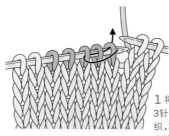

1 将右棒针从右侧的3针的左侧插入,不编织,将针目直接移至右棒针上。

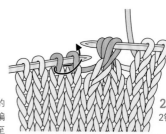

2 再将右棒针从下2针的左侧一次插入。

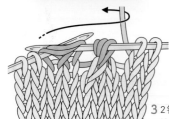

3 2针一起编织下针。

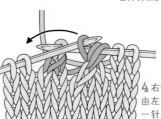

4 右侧的3针按照由左至右的顺序一针一针地依次盖住。

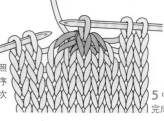

5 中上5针并1针完成。

镂空花样

使用到目前为止出现过的针法,可以编织出犹如规则地排列着小洞洞的"镂空花样"。在编织这种花样时,时而需要加针,时而需要减针,对于第一次挑战的人来说,可能会有一些迷茫。那么,我们就一同看一下它的构成原理吧。

镂空花样的符号图(例)

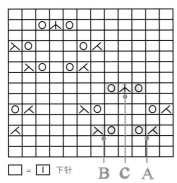

□ = | 下针

B C A

镂空花样的规则

加针的挂针和减针的2针并1针等的针目,一定是成组出现的。虽然在编织的过程中时加时减,但总数不会变。

○	挂针 ············ 加针的编织方法

⊼	左上2针并1针
人	右上2针并1针
⋏	中上3针并1针

⟩ 将几针减为1针的方法

编织时的注意事项

如果忘记了加针或2针并1针的话,就会出现"针数不对了"的情况。在没有熟练之前,在编织的同时还是要常常确认一下针数。

A··· ○⊼ 左上2针并1针和挂针

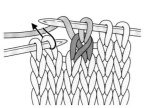

1 通过左上2针并1针减1针,再编织挂针。

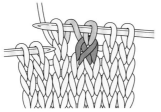

2 这就是左上2针并1针和挂针的组合。

B··· ⊼○ 挂针和右上2针并1针

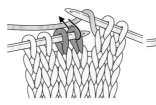

1 编织挂针,接下来的2针编织右上2针并1针。

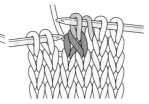

2 这就是挂针和右上2针并1针的组合。

C··· ○⋏○ 挂针和中上3针并1针

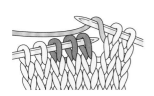

1 编织挂针。

2 编织中上3针并1针,将3针减为1针。

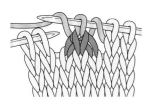

3 再次编织挂针。

4 这就是挂针和中上3针并1针的组合。

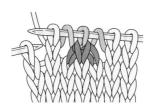

可组合的图案无限多

□ = | 下针

挂针和2针并1针并不是总挨在一起的。像上图中一样,分开的情况也有。在这个例子中,针数是每一行为单位,保持一致;在更复杂的情况中,也有若干行为单位,针数保持一致的。

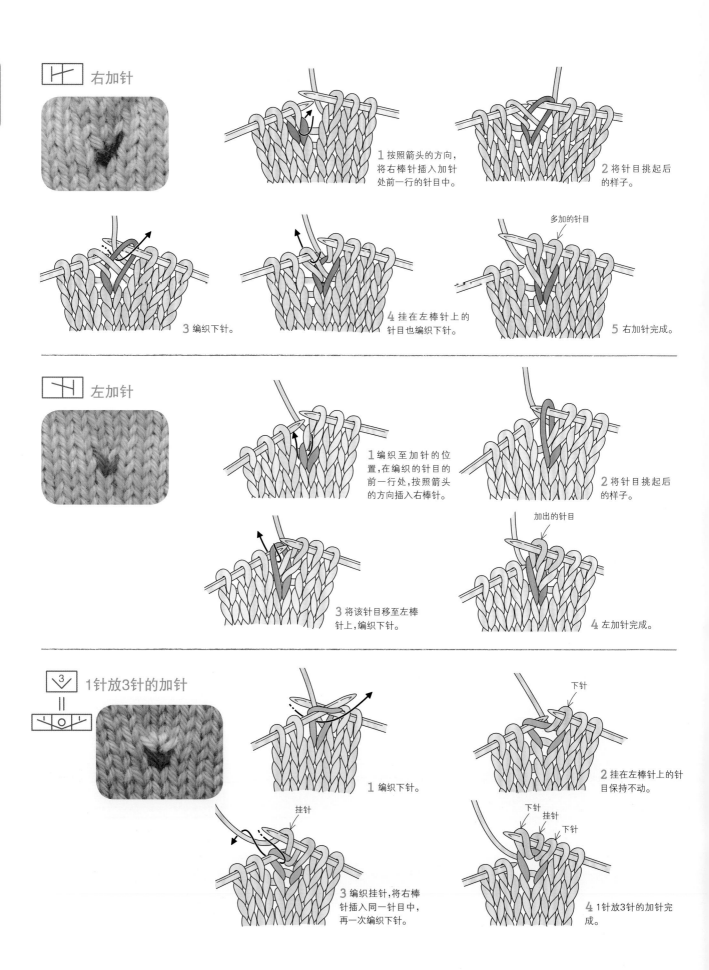

右加针

1 按照箭头的方向，将右棒针插入加针处前一行的针目中。

2 将针目挑起后的样子。

3 编织下针。

4 挂在左棒针上的针目也编织下针。

5 右加针完成。

左加针

1 编织至加针的位置，在编织的针目的前一行处，按照箭头的方向插入右棒针。

2 将针目挑起后的样子。

3 将该针目移至左棒针上，编织下针。

4 左加针完成。

加出的针目

1针放3针的加针

1 编织下针。

2 挂在左棒针上的针目保持不动。

下针

3 编织挂针，将右棒针插入同一针目中，再一次编织下针。

挂针

4 1针放3针的加针完成。

下针 挂针 下针

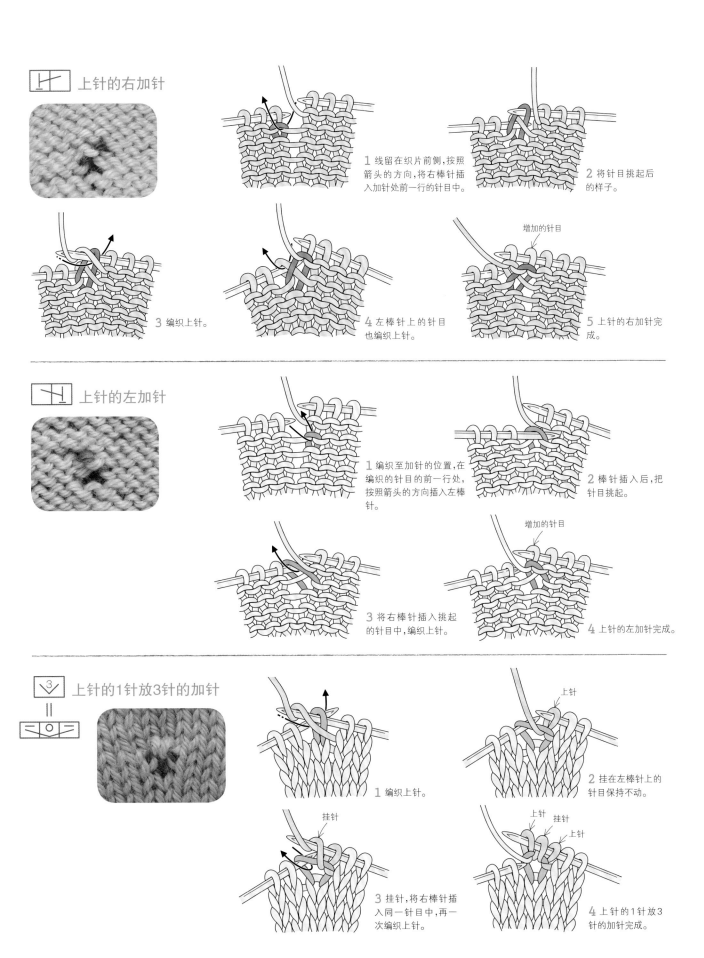

上针的右加针

1 线留在织片前侧,按照箭头的方向,将右棒针插入加针处前一行的针目中。

2 将针目挑起后的样子。

3 编织上针。

4 左棒针上的针目也编织上针。

5 上针的右加针完成。

增加的针目

上针的左加针

1 编织至加针的位置,在编织的针目的前一行处,按照箭头的方向插入左棒针。

2 棒针插入后,把针目挑起。

3 将右棒针插入挑起的针目中,编织上针。

4 上针的左加针完成。

增加的针目

上针的1针放3针的加针

1 编织上针。

2 挂在左棒针上的针目保持不动。

上针

3 挂针,将右棒针插入同一针目中,再一次编织上针。

挂针

4 上针的1针放3针的加针完成。

上针 挂针 上针

 右上1针交叉

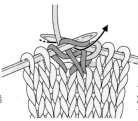
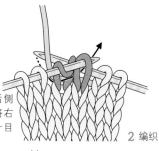

1 从右侧针目的后侧按照箭头的方向,将右棒针插入左侧的针目中。

2 编织下针。

3 右侧的针目编织下针。

4 将线拉出后,把2针从左棒针上退下。

5 右上1针交叉完成。

 左上1针交叉

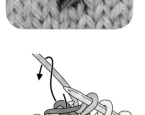
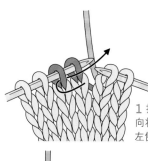
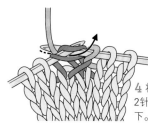

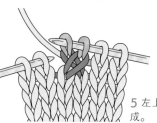

1 按照箭头的方向将右棒针插入左侧的针目中。

2 编织下针。

3 右侧的针目编织下针。

4 将线拉出后,把2针从左棒针上退下。

5 左上1针交叉完成。

  右上为扭针的1针交叉(下侧为上针)

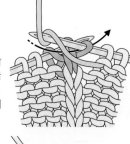
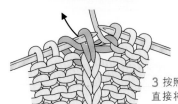

1 将线留在织片前侧,从右侧针目的后侧按照箭头的方向,将右棒针插入左侧的针目中。

2 将插入了右棒针的针目拉出至右侧针目的右侧,编织上针。

3 按照箭头的方向,直接将右棒针插入右侧的针目中。

4 编织下针。

5 将2针从左棒针上退下,右上为扭针的1针交叉(下侧为上针)完成。

⊞ 右上1针交叉（下侧为上针）

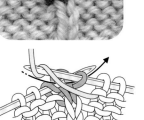

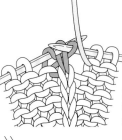

1 将线留在织片前侧，从右侧针目的后侧按照箭头的方向，将右棒针插入左侧的针目中。

2 将插入了右棒针的针目拉出至右侧针目的右侧。

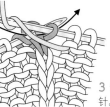

3 该针编织上针。

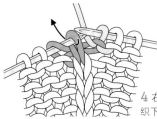

4 右侧的针目编织下针。

5 将2针从左棒针上退下，右上1针交叉（下侧为上针）完成。

⊞ 左上1针交叉（下侧为上针）

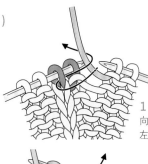

1 按照箭头的方向将右棒针插入左侧的针目中。

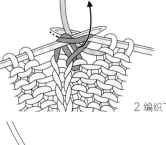

2 编织下针。

3 将线留在织片前侧，右侧的针目编织上针。

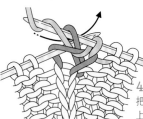

4 将线拉出后，把2针从左棒针上退下。

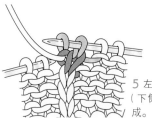

5 左上1针交叉（下侧为上针）完成。

⊞ 左上为扭针的1针交叉（下侧为上针）

1 按照箭头的方向将右棒针插入左侧的针目中，拉出至右侧。

2 该针编织下针。

3 将线留在织片前侧，右侧的针目编织上针。

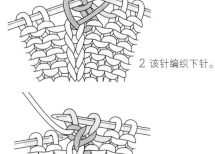

4 将线拉出后，将2针从左棒针上退下。

5 左上为扭针的1针交叉（下侧为上针）完成。

右上2针交叉

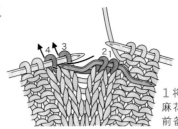

1 将右侧的2针移至麻花针上，留在织片前备用。

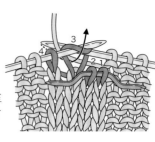

2 针目3、4编织下针。

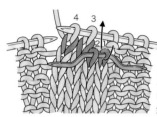

3 麻花针上的针目1编织下针。

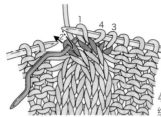

4 针目2也编织下针。

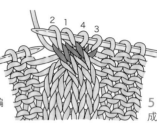

5 右上2针交叉完成。

右上2针交叉（中间织1针上针）

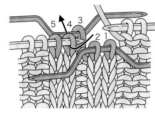

1 针目1、2留在织片前，针目3留在织片后，将其分别移至麻花针上备用。

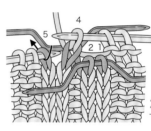

2 针目4、5编织下针。

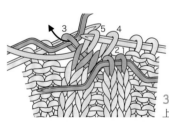

3 针目3编织上针。

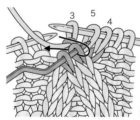

4 针目1、2编织下针。

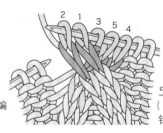

5 右上2针交叉（中间织1针上针）完成。

穿过右针的交叉（包着左针的交叉）

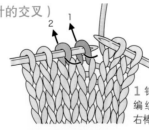

1 针目1、2均不编织，分别移至右棒针上。

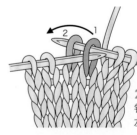

2 用针目1盖住针目2，并移回至左棒针上。

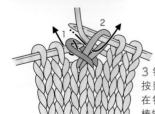

3 针目2编织下针。按照箭头的方向，在针目1中插入右棒针。

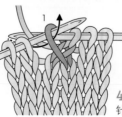

4 针目1编织下针。

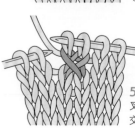

5 穿过右针的交叉（包着左针的交叉）完成。

 左上2针交叉

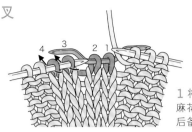

1 将右侧的2针移至麻花针上,留在织片后备用。

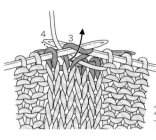

2 针目3编织下针。

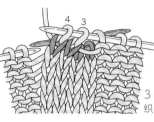

3 针目4也编织下针。

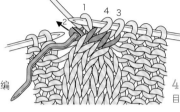

4 麻花针上的针目1、2编织下针。

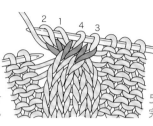

5 左上2针交叉完成。

 左上2针交叉(中间织1针上针)

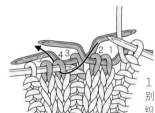

1 针目1、2和针目3分别移至麻花针上,留在织片后备用。

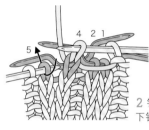

2 针目4、5编织下针。

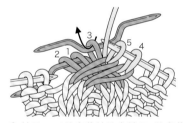

3 针目1、2的麻花针放在针目3的麻花针的前侧,针目3编织上针。

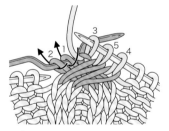

4 针目1、2编织下针。

5 左上2针交叉(中间织1针上针)完成。

 穿过左针的交叉(包着右针的交叉)

1 用针目2盖住针目1,使2针交换位置。

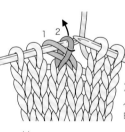

2 将右棒针插入刚刚盖过来的针目2中。

3 编织下针。

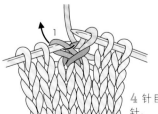

4 针目1编织下针。

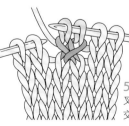

5 穿过左针的交叉(包着右针的交叉)完成。

右上2针与1针的交叉

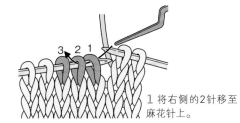

1 将右侧的2针移至麻花针上。

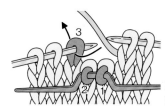

2 麻花针留在织片前,针目3编织下针。

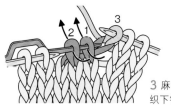

3 麻花针上的2针编织下针。

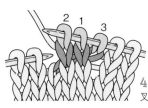

4 右上2针与1针的交叉完成。

左上2针与1针的交叉

1 将针目1移至麻花针上。

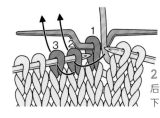

2 麻花针留在织片后,针目2、3编织下针。

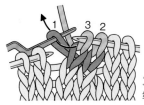

3 麻花针上的针目编织下针。

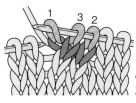

4 左上2针与1针的交叉完成。

绕线编（绕2圈）

绕2圈

1 将右棒针插入针目中,绕上2圈线,拉出。

2 拉出后的样子。

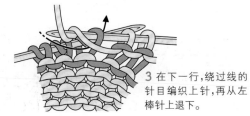

3 在下一行,绕过线的针目编织上针,再从左棒针上退下。

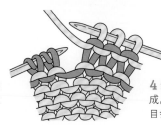

4 绕2圈的绕线编完成。因为绕过线,针目会略微变长。

 右上2针与1针的交叉（下侧为上针）

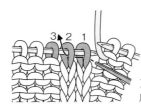

1 将右侧的2针移至麻花针上。

2 麻花针留在织片前，针目3编织上针。

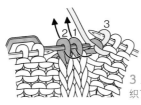

3 麻花针上的2针编织下针。

4 右上2针与1针的交叉（下侧为上针）完成。

 左上2针与1针的交叉（下侧为上针）

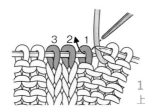

1 将针目1移至麻花针上。

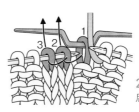

2 麻花针留在织片后，针目2、3编织下针。

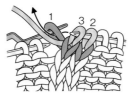

3 麻花针上的针目编织上针。

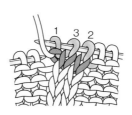

4 左上2针与1针的交叉（下侧为上针）完成。

 绕线编（绕3圈）

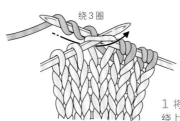

绕3圈

1 将右棒针插入针目中，绕上3圈线，拉出。

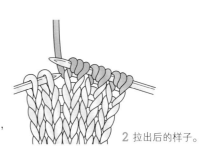

2 拉出后的样子。

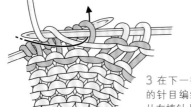

3 在下一行，绕过线的针目编织上针，再从左棒针上退下。

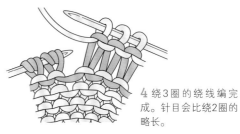

4 绕3圈的绕线编完成。针目会比绕2圈的略长。

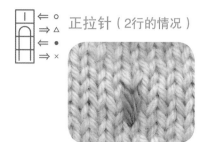

正拉针（2行的情况）

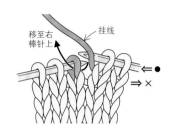

移至右棒针上　挂线

1 在●行将线从前向后挂，下一针不编织，直接移至右棒针上（不改变针目的朝向）。

2 下一针编织下针。

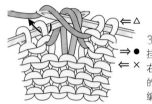

3 在∧行，将前一行的挂针和移动的针目移至右棒针上（不改变针目的朝向），挂线后下一针编织上针。

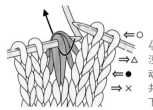

4 在○行，将2行没有编织直接移动的针目和挂针共3根线一起编织下针。

5 正拉针（2行的情况）完成。

反拉针（2行的情况）

1 ×行的针目是上针时，在●行将线留在织片前，下一针不编织，直接移至右棒针上（不改变针目的朝向），挂线。

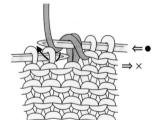

2 下一针编织上针。

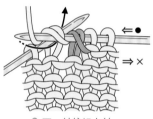

3 在△行，将前一行的挂针和移动的针目移至右棒针上（不改变针目的朝向），挂线后下一针编织下针。

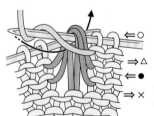

4 在○行，将2行没有编织直接移动的针目和挂针共3根线一起编织上针。

5 反拉针（2行的情况）完成。

英式罗纹针（双面拉针）

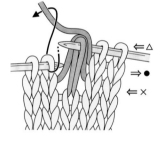

1 从●1行开始编织。边上的针目编织下针，上针不编织直接移至右棒针上（不改变针目的朝向），挂线。

2 下一针编织下针。

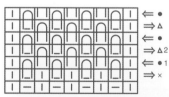

3 重复"上针不编织直接移至右棒针上，挂线，编织下针"。

4 △2行，边上的针目编织上针，下一针与前一行的挂线一起编织下针。

50

英式罗纹针（下针为拉针）

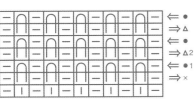

1 从●1行开始编织。边上的针目编织上针，将线留在织片前，下针不编织直接移至右棒针上（不改变针目的朝向）。

2 挂线，下一针编织上针。

3 重复"下针不编织直接移至右棒针上，挂线，编织上针"。

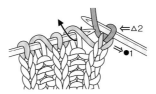

4 △2行，边上的针目编织下针，下一针与前一行的挂线一起编织上针。

5 重复"编织下针，上针与前一行的挂线一起编织"。

英式罗纹针（上针为拉针）

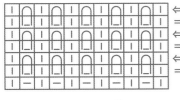

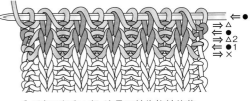

6 重复●行和△行，这是下针为拉针的英式罗纹针编织5行后的样子。

1 从●1行开始编织。边上的针目编织下针，上针不编织直接移至右棒针上（不改变针目的朝向）。

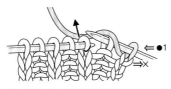

2 挂线，下一针编织下针。

3 重复"上针不编织直接移至右棒针上，挂线，编织下针"。

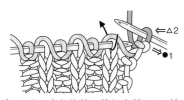

4 △2行，边上的针目编织上针，下一针与前一行的挂线一起编织下针。

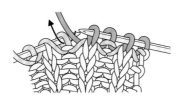

5 重复"编织上针，下针与前一行的挂线一起编织"。

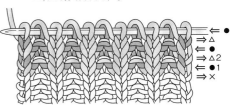

6 重复●行和△行，这是上针为拉针的英式罗纹针编织5行后的样子。

5 重复"上针不编织直接移至右棒针上，挂线，下针与前一行的挂线一起编织"。

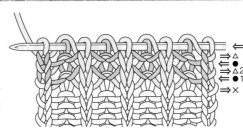

6 重复●行和△行，这是双面拉针的英式罗纹针编织5行后的样子。

3针、3行的枣形针

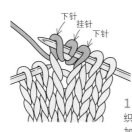

下针 挂针 下针

1 在同一针目里编织下针、挂针、下针的加针。

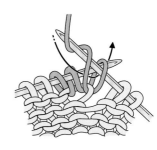

2 随后翻转织片,看着反面,放出的3针编织上针。

将2针移至右棒针上

3 再次翻转织片,右侧的2针不编织,按照箭头的方向移至右棒针上。

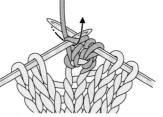

4 第3针编织下针。

将2针盖过去

5 用移过来的2针盖住刚刚编织的针目。

6 3针、3行的枣形针完成。

 5针、5行的枣形针

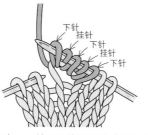

下针 挂针 下针 挂针 下针

1 在同一针目里编织下针、挂针、下针、挂针、下针,加至5针。

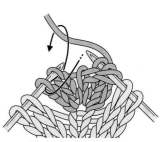

2 随后翻转织片,看着反面,放出的5针编织上针。

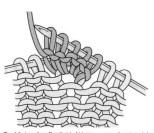

3 编织完成后的样子。只有这5针再编织2行下针编织。

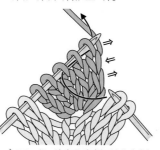

4 下一行,首先从右侧3针的左侧一次插入,不编织将针目直接移过去。

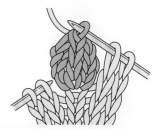

5 剩下的2针一起编织下针。

6 编织完成后的样子。

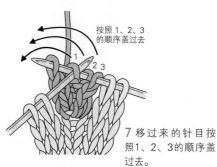

按照1、2、3的顺序盖过去

7 移过来的针目按照1、2、3的顺序盖过去。

8 5针、5行的枣形针完成。

⊘ 3针中长针的枣形针（2针立起的锁针）

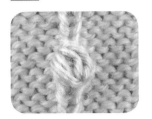

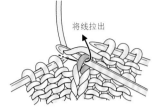

1 插入钩针,将针目从棒针上退下。钩针挂线拉出。

将线拉出

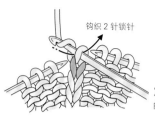

2 钩织2针立起的锁针。

钩织2针锁针

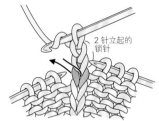

3 钩针挂线,按照箭头的方向将钩针插入原来的针目中。

2针立起的锁针

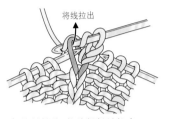

4 钩针挂线,将线松松地拉出。

将线拉出

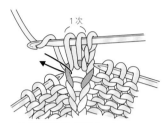

5 再重复2次步骤3、4。

1次

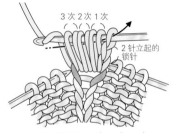

6 钩针挂线,从线圈中一次引拔出。

3次 2次 1次

2针立起的锁针

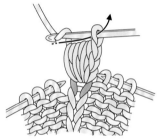

7 再一次挂线、引拔,将针目收紧。

8 将钩针上的针目移回右棒针。3针中长针的枣形针（2针立起的锁针）完成。

⊘ 3针中长针的枣形针

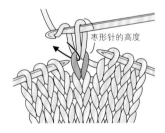

1 钩针从前侧插入,将针目从棒针上退下。钩针挂线,将线拉出至枣形针的高度。挂线,按照箭头的方向将钩针插入原来的针目中。

枣形针的高度

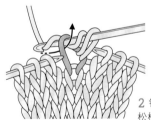

2 钩针挂线,将线松松地拉出。

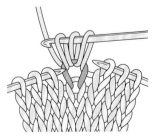

3 再重复2次步骤1、2。

3次 2次 1次

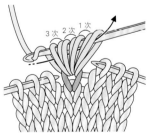

4 钩针挂线,从线圈中一次引拔出。

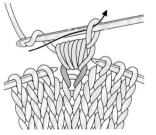

5 再一次挂线、引拔,将针目收紧。

6 将钩针上的针目移回右棒针。3针中长针的枣形针完成。

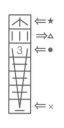  下滑4行的枣形针

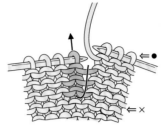

1 在●行下面的第4行（×行）的针目中，按照箭头的方向入针，编织较松的下针、挂针、下针。

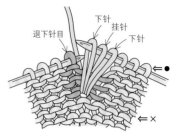

2 3针编织完成后，退下左棒针上的右侧针目。

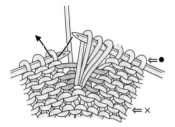

3 这是退下后的样子。接着继续编织后面的针目。

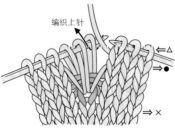

4 在△行，在3针上各编织1针上针。

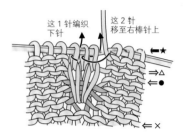

5 ★行，按照箭头的方向，将右棒针插入3针中的右侧2针中，不编织，将针目直接移至右棒针上，剩余1针编织下针。

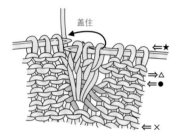

6 用移过来的2针一次盖住刚刚编织的针目（中上3针并1针）。

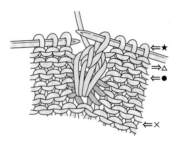

7 下滑4行的枣形针完成。

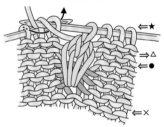

8 接下来的针目编织上针。

穿过右针的盖针（3针）

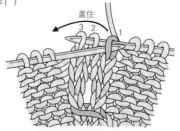

1 3针不编织先移至右棒针上（仅有针目1改变朝向），用针目1盖住针目2、3。

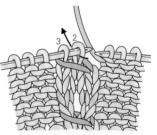

2 将针目2、3移回左棒针上，针目2编织下针。

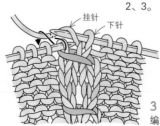

3 接着编织挂针，针目3编织下针。

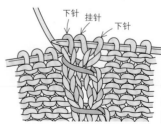

4 穿过右针的盖针（3针）完成。

⌈ l l ⏉⌉ 向右拉的盖针（3针）

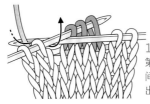

1 将右棒针插入第3针与第4针之间，挂线后将线拉出。

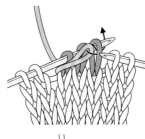

2 用左手压住拉出的针目，将右棒针退出，按照箭头的方向重新插入右棒针。

3 与第1针一起编织下针。

编织下针

4 接下来的2针编织下针。

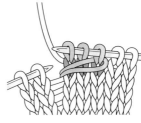

5 向右拉的盖针（3针）完成。

⌈⏊ l l l⌉ 向左拉的盖针（3针）

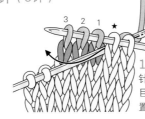

3 2 1 ★

1 编织完3针后，将左棒针插入针目1与带★的针目之间的下面1行的位置，挂线。

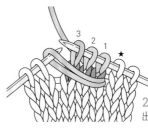

3 2 1 ★

2 松松地将线拉出。

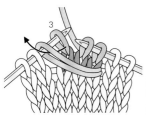

3

3 将针目3移回左棒针。用右棒针挑起拉出的针目。

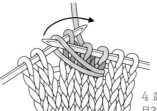

4 盖住针目3。

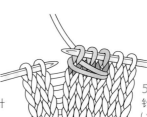

5 将针目3移回右棒针。向左拉的盖针（3针）完成。

⌈⏊ ○ ⏉⌉ 穿过左针的盖针（3针）

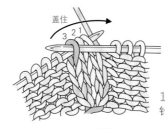

盖住
3 2 1

1 用针目3盖住针目1、2。

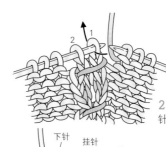

2 1

2 针目1编织下针。

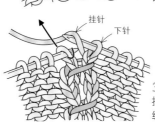

挂针 下针

3 接下来编织挂针，针目2也编织下针。

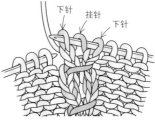

下针 挂针 下针

4 穿过左针的盖针（3针）完成。

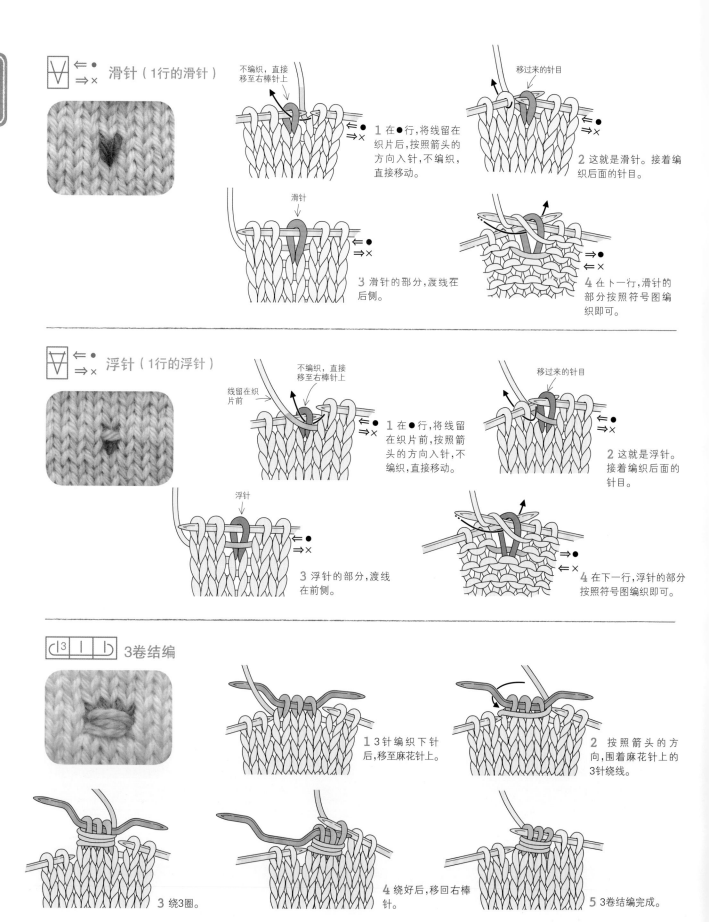

滑针（1行的滑针）

不编织，直接移至右棒针上

1 在●行，将线留在织片后，按照箭头的方向入针，不编织，直接移动。

移过来的针目

2 这就是滑针。接着编织后面的针目。

滑针

3 滑针的部分，渡线在后侧。

4 在下一行，滑针的部分按照符号图编织即可。

浮针（1行的浮针）

线留在织片前

不编织，直接移至右棒针上

1 在●行，将线留在织片前，按照箭头的方向入针，不编织，直接移动。

移过来的针目

2 这就是浮针。接着编织后面的针目。

浮针

3 浮针的部分，渡线在前侧。

4 在下一行，浮针的部分按照符号图编织即可。

3卷结编

1 3针编织下针后，移至麻花针上。

2 按照箭头的方向，围着麻花针上的3针绕线。

3 绕3圈。

4 绕好后，移回右棒针。

5 3卷结编完成。

第二章

$\boxed{\vee}$ ⇐ ● 上针的滑针
$\boxed{\vee}$ ⇒ × （1行的滑针）

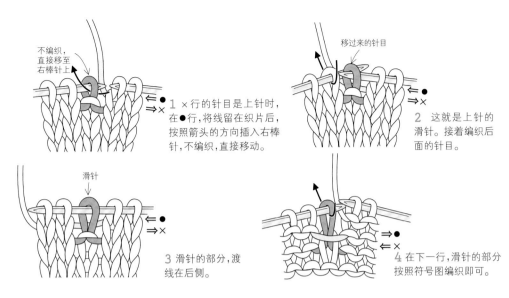

不编织，
直接移至
右棒针上

1 × 行的针目是上针时，在●行，将线留在织片后，按照箭头的方向插入右棒针，不编织，直接移动。

移过来的针目

2 这就是上针的滑针。接着编织后面的针目。

滑针

3 滑针的部分，渡线在后侧。

4 在下一行，滑针的部分按照符号图编织即可。

$\boxed{\vee}$ ⇐ ● 上针的浮针
$\boxed{\vee}$ ⇒ × （1行的浮针）

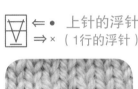

线留在织片前

不编织，直接移至右棒针上

1 × 行的针目是上针时，在●行，将线留在织片前，按照箭头的方向入针，不编织，直接移动。

移过来的针目

2 这就是上针的浮针。接着编织后面的针目。

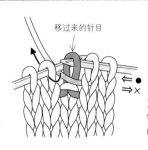

浮针

3 浮针的部分，渡线在前侧。

4 在下一行，浮针的部分按照符号图编织即可。

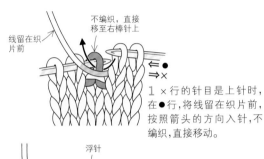

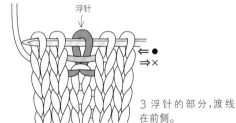

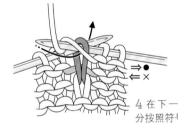

要点

编织花样的符号图的看法

大多数棒针作品都是使用由各种各样的针目组合而成的"编织花样"编织而成的。编织花样的信息集中在符号图中。在这里，就让我们来学习一下符号图的看法吧。

编织花样

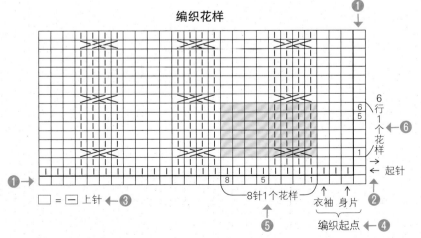

❶
6 行 1 个 花 样
6
5
1
→ 起针
❷

❻
❺

❶➡

□ = ⊟ 上针 ◀❸

8针1个花样

衣袖 身片
编织起点 ◀❹
❺
❷

❶ 右端的一排表示的是行数，下面的一排表示的是针数。这部分不是编织符号，不编织。

❷ 表示的是编织方向。

❸ 图中省略了的编织符号的解释。空格部分编织上针。

❹ 指定了编织起点的位置时，从该位置开始编织。

❺ 重复的一组花样。这一行的编织方法是，先编织编织花样前的针目（身片3针、衣袖1针），之后重复8针1个花样。

❻ 重复的一组花样。这几行的编织方法是，先起针并编织第2行，之后重复6行1个花样。编织图中的行数是从起针行开始计数的。

尝试编织作品吧！

学会了本章的针法，可以织的作品的范围就逐渐扩大了。
下面要编织什么呢，不由得兴奋起来。

＊腿暖

主要的图案是3针的麻花花样。
如果织了一半停下了又继续织的话，一定要与织好的对比一下。
不然左右的花样……
一定要注意！

设计/冈本真希子
制作/大石茉糊子
使用线/芭贝 Bottonato

＊ 帽子（麻花花样）

使用与腿暖完全相同的花样做成了帽子。
编织时使用2针并1针减针，
就可以编织出漂亮的弧线。

设计 / 冈本真希子　制作 / 大石菜穗子　使用线 / 芭贝 British Eroika

【腿暖的编织方法】

✖线…芭贝 Bottonato　粉色（102）135g
✖针…棒针 7 号、5 号
✖编织密度…10cm×10cm 面积内：编织花样 26.5 针、25.5 行
✖成品尺寸…腿围 27cm，长 46cm

编织要点

另线锁针起针，起 72 针，环形编织编织花样。编织 84 圈后开始编织单罗纹针，使用 5 号棒针编织 12 圈，使用 7 号棒针编织 12 圈。编织终点配合最后一行的针目，做下针织下针、上针织上针的伏针收针。使用 5 号棒针从另线锁针上挑取针目（见第 140 页），编织 8 圈单罗纹针，编织终点，做下针织下针、上针织上针的伏针收针。

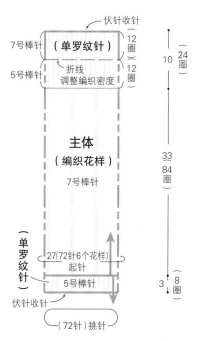

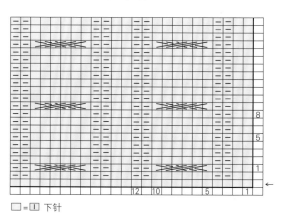

编织花样

□ = □ 下针

※单罗纹针的符号图与帽子（第 61 页）通用

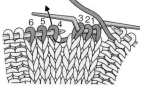

左上 3 针交叉

1 将右侧的 3 针移至麻花针上，放在织片后，针目 4~6，从针目 4 开始按照顺序依次编织下针。

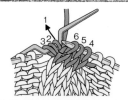

2 麻花针上的 3 针，从针目 1 开始按照顺序依次编织下针。

3 左上 3 针交叉完成。

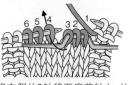

右上 3 针交叉

1 将右侧的 3 针移至麻花针上，放在织片前，针目 4~6，从针目 4 开始按照顺序依次编织下针。

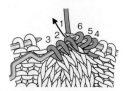

2 麻花针上的 3 针，从针目 1 开始按照顺序依次编织下针。

3 右上 3 针交叉完成。

※该作品中仅使用了"左上 3 针交叉"

【帽子（麻花花样）的编织方法】

✘线…芭贝 British Eroika　藏青色（101）105g
✘针…棒针8号、7号
✘编织密度…10cm×10cm 面积内：编织花样 26.5 针、24 行
✘成品尺寸…头围 54cm，帽深 21cm

编织要点

另线锁针起针，起 144 针，环形编织编织花样。编织 24 圈后，在做
分散减针（见第 101 页）的同时编织 14 圈。将线每隔 1 针穿入编织
终点的针目中并收紧（见第 128 页）。从另线锁针上挑取针目（见第
140 页），在第 1 圈均匀地减 36 针（见第 112 页）。随后编织 25 圈
单罗纹针，编织终点配合上一行的针目，做下针织下针、上针织上
针的伏针收针。

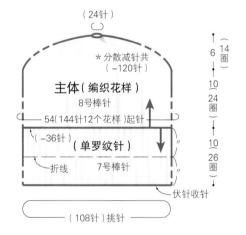

（24针）

*分散减针共
（−120针）

主体（编织花样）
8号棒针

54（144针12个花样）起针

（−36针）（单罗纹针）

折线　7号棒针

伏针收针

（108针）挑针

6　14 圈
10　24 圈
10　26 圈

单罗纹针

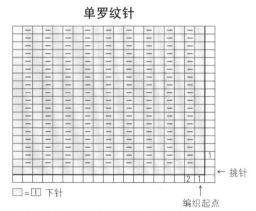

□ = ① 下针

挑针

编织起点

1
2　1

※在帽子挑针的行，重复"编织 2 针下针、做 2 针并 1 针"，
进行减针

主体的编织花样和分散减针

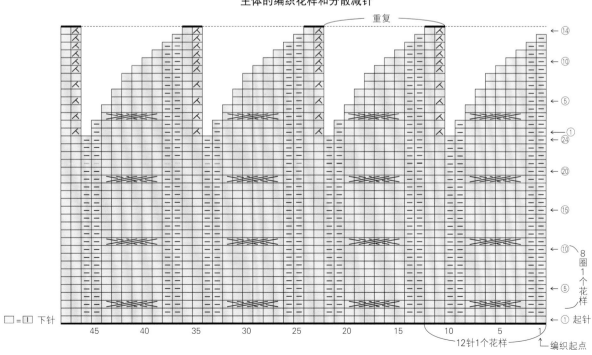

重复

□ = ① 下针

45　40　35　30　25　20　15　10　5　1

12针1个花样

编织起点

⑭
⑩
⑤
①
㉔
⑳
⑮
⑩
⑤
①起针

8圈1个花样

✳ 披肩式马甲

只需编织长方形就能成为一件衣服。
镂空花样的设计使其更加轻柔。
衣领和下摆对调，还能穿出不同的感觉。

设计 / 冈本真希子
制作 / 小泽智子
使用线 / 钻石线 Dia Mohair Deux<Alpaca>

【披肩式马甲的编织方法】

× 线…钻石线 Dia Mohair Deux<Alpaca> 暗红色（721）210g
× 针…棒针 6 号
× 编织密度…10cm×10cm 面积内：
编织花样 **A**：18.5 针、26 行；**B**：18.5 针、24 行
× 成品尺寸…147cm×64cm

编织要点

手指起针，起 272 针，两端的 3 针编织起伏针，中间按编织花样 A 编织。
编织 42 行后，中间换为编织花样 B。编织 20 行后，编织袖口。袖口部分，
将织片分为左、中、右 3 个部分，分别编织 56 行，在下一行连接到一起。
编织 20 行后，再编织 20 行编织花样 A，编织终点做下针的伏针收针。

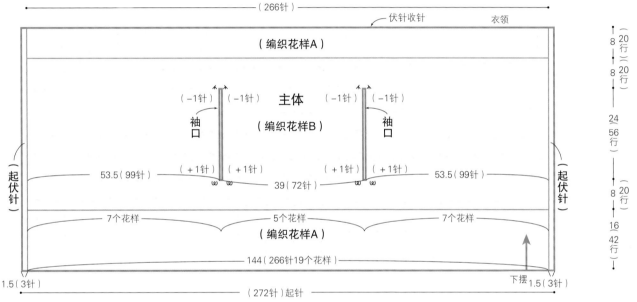

※全部使用6号棒针编织

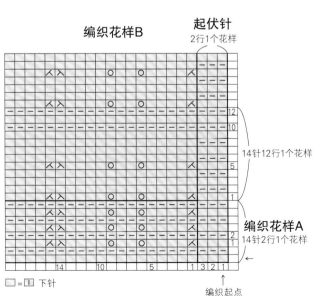

袖口的加针和减针

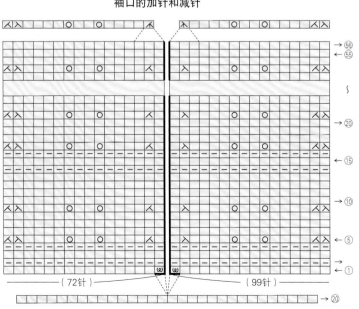

第三章
让棒针编织变得
轻松的技巧

以棒针编织的乐趣之一配色花样为中心,

介绍了各种各样的技巧。

在开始编织之前必须知道的密度的测量方法、

根据纽扣大小编织不同的扣眼、

口袋的编织方法等,

都有详细的介绍,

也是必备、非常有用的技法。

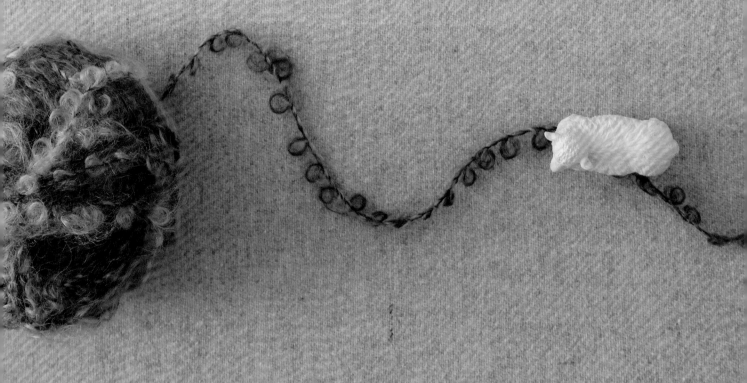

关于编织密度

在编织用语中经常出现的"编织密度"，"好像似懂非懂……"的人有不少吧。编织密度是指针目的多少，需要数一数在10cm×10cm的面积内编织了几针、几行。在书中，每个作品都会标有编织密度，如果按照相同的密度编织的话，就能编织出与书中相同的尺寸。换言之，如果自己的编织密度与书中的不同，尺寸就会不同。在正式编织作品之前，一定要试编样片，测好密度后再开始编织。

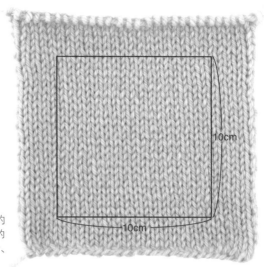

使用下针编织编织了约15cm×15cm的织片的例子。编织密度是17针、23行。

步 骤 1

测量编织密度

● 先决定起针的针数。为了测量编织密度，一般要编织边长为15~20cm的正方形的织片。起针的数量，一般按照编织作品中介绍的编织密度中的针数的1.5~2倍为宜。

● 作品是下针编织时编织下针编织，是编织花样时就编织相同的编织花样。行数，是将织片大约织成正方形即可。

● 编织完成后，留出适当长度的线头后剪断，将该线穿入毛线缝针中，穿入挂在棒针上的针目中备用。

● 使用蒸汽熨斗将针目熨烫平整。

● 使用格尺或卷尺，数出10cm×10cm的面积内的针数、行数。

步 骤 2

调整编织密度

先与作品的编织密度比较一下吧。如果基本相同，直接编织即可。如果自己的编织密度与书上的不同的话……

针数、行数较多	针数、行数较少
说明针目较小。可以换为大1或2个号码的针再编织一次试试。	说明针目较大。可以换为小1或2个号码的针再编织一次试试。

初学者如果手劲儿不匀的话，不建议换针，而是尽量多练习以与书上的密度一致。试编样片，也可以让手熟悉线的感觉。

线的商品标签中的编织密度

线的商品标签中也记有标准的编织密度，在编织独创的作品时，可以作为参考。

材质	羊毛100%
标准重量	40g/团（约80m）
标准编织密度	18针23行
推荐用针	棒针8~10号
用针	和麻纳卡 amiami 手编针

洗涤方法

步 骤 3

在编织的过程中也要确认编织密度

测量编织密度用的织片，暂且不要拆开，保存一下吧。在编织作品时，织得入迷而过度用力，与试编样片时手劲儿变得不同的情况也会有。在编织的过程中，将样片放在旁边，可以时常确认一下。另外，在接近完成却出现"就剩一点了，线却不够了！"的紧急情况时，可以将这个织片拆开，用这个线来完成编织。

条纹花样和配色花样

这是使用多种颜色来表现图案的技法。根据线在织片反面的状态，线的处理方法可分为横向渡线、纵向渡线、在编织的同时使用编织的线包裹着不编织的线等。基本的编织方法就是下针编织，如果熟悉了线的处理方法的话，操作起来就很简单。

横向条纹花样

窄条纹

编织窄条纹时，不将线剪断，编织时向上渡线即可。

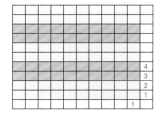

第3行（从正面编织的行）

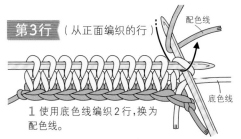

配色线

底色线

1 使用底色线编织2行，换为配色线。

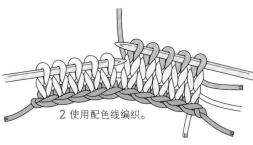

2 使用配色线编织。

第4行（从反面编织的行）

3 翻转织片，编织上针。

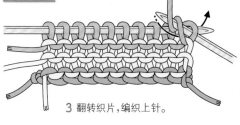

5 使用底色线编织下针。

第5行（从正面编织的行）

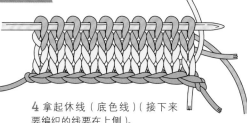

4 拿起休线（底色线）（接下来要编织的线要在上侧）。

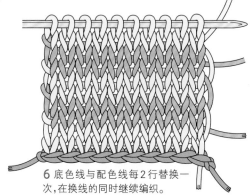

6 底色线与配色线每2行替换一次，在换线的同时继续编织。

宽条纹

编织10行左右的宽条纹时，每次换线时要将线剪断。

（正面）

（反面）

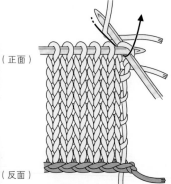

1 将编织的线（底色线）留出8cm左右后剪断，加入新的配色线。

2 编织2针或3针后，在边上轻轻地打一个结，继续编织。

处理线头

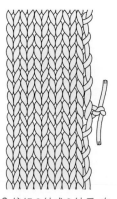

3 拆开打的结，在织片的边上，把底色线向下藏5行或6行后，将线剪断。

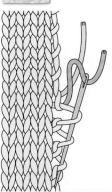

4 配色线的线头向上藏。

纵向条纹花样

纵向渡线的条纹花样

完成的织片较薄，也适合粗线编织。
需要与条纹数相同数量的线团。

（正面）

（反面）

从正面编织的行

配色线　进行交叉

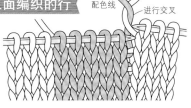

1 使用底色线编织至条纹的交界处，将配色线与底色线交叉。

2 使用配色线编织。

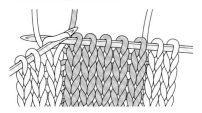

3 配色线编织完成后，将底色线与配色线交叉，使用底色线编织。

从反面编织的行

进行交叉

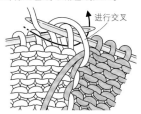

4 使用底色线编织至条纹的交界处，将配色线与底色线交叉。

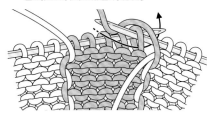

5 使用配色线编织。

进行交叉

6 配色线编织完成后，将底色线与配色线交叉。

横向渡底色线的条纹花样

横向渡底色线，纵向渡配色线。只使用1根底色线就可以编织。

（正面）

（反面）

从正面编织的行

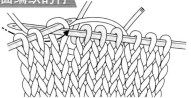

1 将底色线换为配色线，按花样编织，然后底色线从配色线的上面渡过，编织1针。

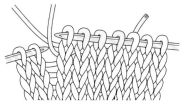

2 将配色线与底色线交叉，向上渡，直接使用底色线继续编织。

从反面编织的行

3 使用底色线编织至条纹交界处，将配色线从底色线的上面渡过，编织3针。

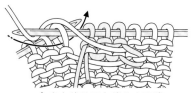

4 底色线从配色线的上面渡过，编织1针。

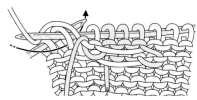

5 将配色线与底色线交叉，向上渡，直接使用底色线继续编织。

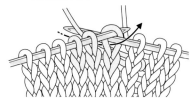

6 无论是在正面还是反面，从底色线换为配色线时，直接继续编织，从配色线换为底色线时，使用底色线编织1针，然后配色线与底色线交叉一下。

横向渡线的配色花样

编织时横向地替换底色线与配色线。在反面,不编织的线横向渡过。
适合编织小花样和横向连续的花样。

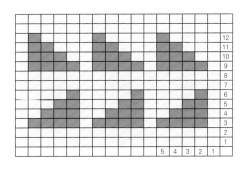

（正面）

（反面）

第3行（从正面编织的行）

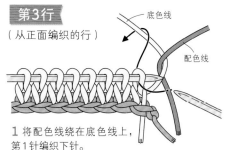

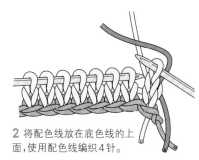

底色线
配色线

1 将配色线绕在底色线上,第1针编织下针。

2 将配色线放在底色线的上面,使用配色线编织4针。

注意不要将渡线拉得过紧。

3 将底色线留在配色线的下面,编织1针。

4 配色线仍放在底色线的上面,编织。换线的时候,每次都是底色线在下、配色线在上。

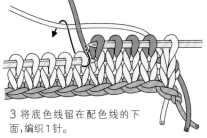

5 重复步骤2、3编织至边上。这是第3行的编织终点。

第4行（从反面编织的行）

💙 **小贴士**

反面的渡线如果拉得过紧,织片就会变皱。留出足够长的渡线后,继续编织。

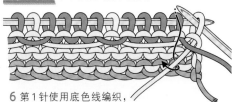

6 第1针使用底色线编织,将配色线留在底色线的上面备用。

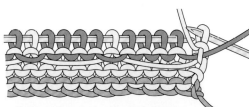

7 第1针编织上针。第2针也使用底色线编织上针。

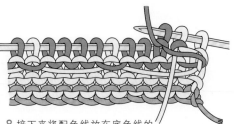

8 接下来将配色线放在底色线的上面,编织上针。

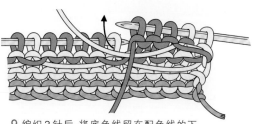

9 编织3针后,将底色线留在配色线的下面,使用底色线编织2针。按照同样的方法继续编织。

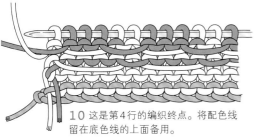

10 这是第4行的编织终点。将配色线留在底色线的上面备用。

第5行（从正面编织的行）

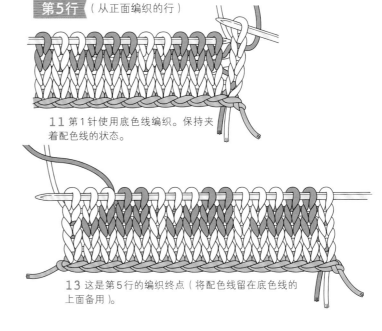

11 第1针使用底色线编织。保持夹着配色线的状态。

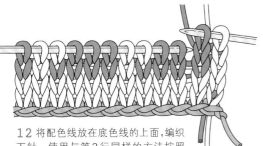
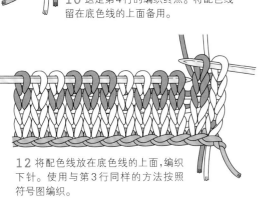

12 将配色线放在底色线的上面，编织下针。使用与第3行同样的方法按照符号图编织。

13 这是第5行的编织终点（将配色线留在底色线的上面备用）。

第6行
（从反面编织的行）

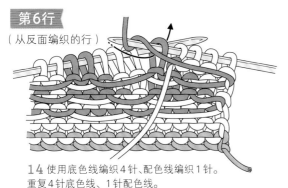

14 使用底色线编织4针、配色线编织1针。重复4针底色线、1针配色线。

第7行（从正面编织的行）

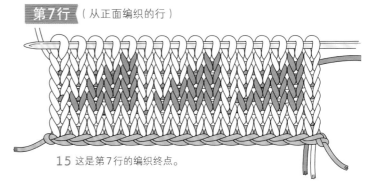

15 这是第7行的编织终点。

怎么办？

渡线过长的处理方法

渡线如果太长的话，可以在编织的过程中固定一次。如果渡线的长度留得刚刚好，就会被拉得过紧，所以可留出一些余量。

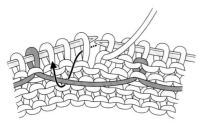

1 从反面编织时，挑取左棒针上的针目和渡线。

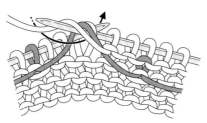

2 直接一起编织上针。

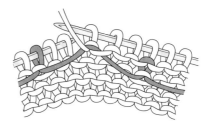

3 渡线被固定后的状态。继续编织。

包裹着渡线的配色花样

类似于科维昌式厚毛衣，编织大型图案的配色花样，最适合使用这个方法。编织的时候经常要将底色线与配色线交叉，可以编织出厚而结实的织片。

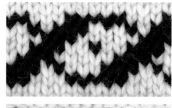

※步骤图为了说明顺序，与照片中的花样不同

从正面编织的行

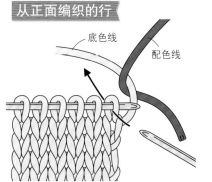

底色线 配色线

1 从编织起点开始，用底色线夹着配色线，使用底色线编织。

配色线 底色线

2 底色线（编织线）在后、配色线在前，将2根线挂在左手上。

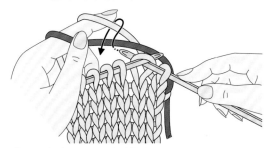

3 从配色线的上方，底色线挂线、编织。用拇指压着配色线，更便于编织。

4 编织完成后的样子。

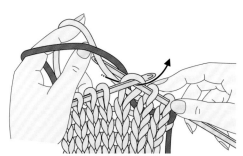

5 下一针，从配色线的下方，底色线挂线、编织。

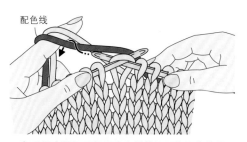

配色线

6 重复步骤3~5使用底色线编织至换配色线的位置，编织配色线的第1针。

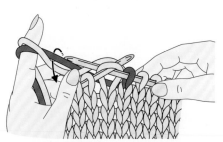

7 这是配色线的第2针。用左手拇指将底色线拉至前面并按住，配色线经其上方挂线、编织。

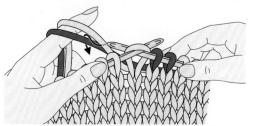

8 底色线回原位，接着配色线经过底色线的下方挂线、编织。

底色线

配色线

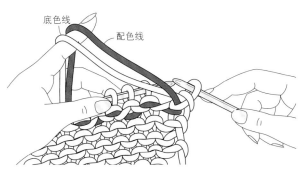

1 第1针,用底色线夹着配色线编织。底色线(编织线)在前、配色线在后,将2根线挂在左手上。

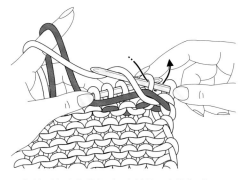

2 第2针,底色线经过配色线的下方挂线、编织。

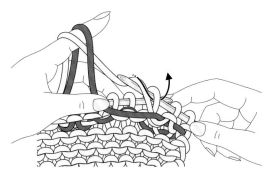

3 下一针,底色线经过配色线的上方挂线、编织。

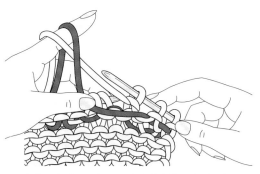

4 编织完成后的样子。底色线交替地经过配色线的上、下进行编织。

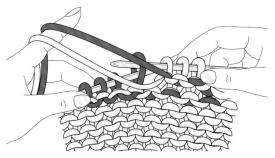

5 配色线的第1针,配色线经过底色线的上方挂线、编织。

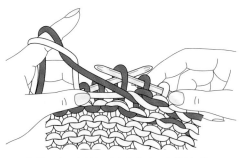

6 接下来配色线经过底色线的下方挂线、编织。

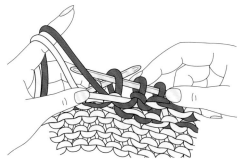

7 随后配色线经过底色线的上方挂线、编织。

8 编织完成后的样子。交换底色线与配色线的上、下位置,使其互相包裹着继续编织。

71

纵向渡线的配色花样

适用于编织纵向的、连续的花样及大型图案等。编织的同时将线纵向渡过，需要准备与颜色数量相等的线团。在这里，为了让大家清晰地了解过程，使用3种颜色进行解说。

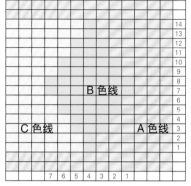

（正面）

（反面）

※花样从第3行开始

小贴士

换线时，一定要与编织过来的线交叉，再从下面渡过。如果不交叉就继续编织的话，在换色的交界处就会出现小洞洞，一定要注意！

第3行
（从正面编织的行）

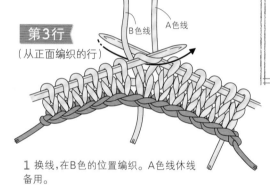

1 换线，在B色的位置编织。A色线休线备用。

2 接下来换为C色线。

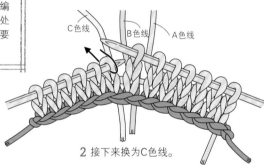

第4行
（从反面编织的行）

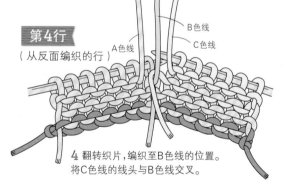

3 使用C色线编织到最后。

4 翻转织片，编织至B色线的位置。将C色线的线头与B色线交叉。

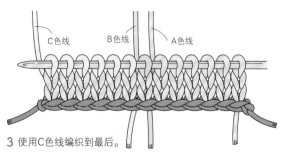

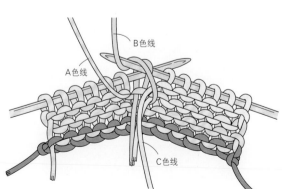

5 编织过来的C色线也与B色线交叉，使用B色线编织。

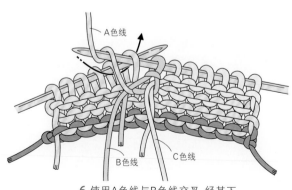

6 使用A色线与B色线交叉，经其下方渡线后继续编织。

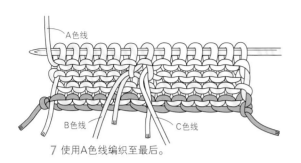

7 使用A色线编织至最后。

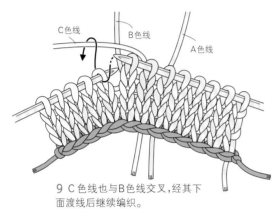

9 C色线也与B色线交叉,经其下面渡线后继续编织。

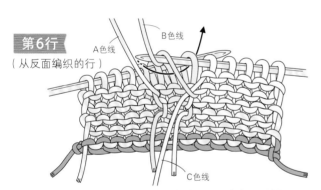

第6行
(从反面编织的行)

11 使用B色线与C色线交叉并渡线后继续编织。

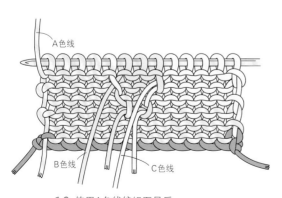

13 使用A色线编织至最后。

第5行
(从正面编织的行)

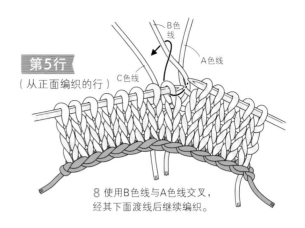

8 使用B色线与A色线交叉,经其下面渡线后继续编织。

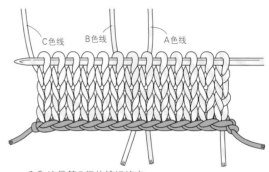

10 这是第5行的编织终点。

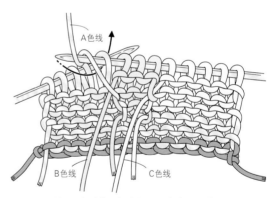

12 使用A色线与B色线交叉并渡线后继续编织。

第9行
(从正面编织的行)

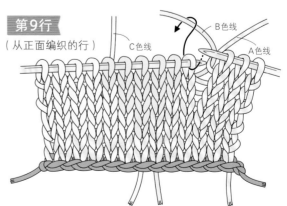

14 使用B色线与A色线交叉并渡线后继续编织。

73

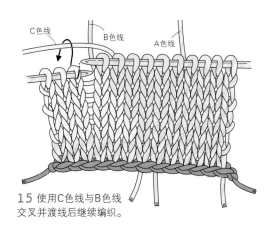

C色线　B色线　A色线

15 使用C色线与B色线
交叉并渡线后继续编织。

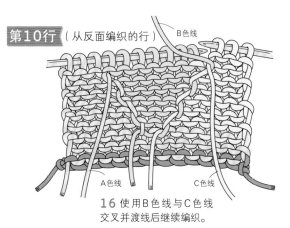

第10行（从反面编织的行）　B色线

A色线　C色线

16 使用B色线与C色线
交叉并渡线后继续编织。

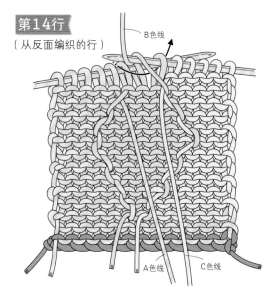

第14行
（从反面编织的行）　B色线

A色线　C色线

17 每一次均交叉并渡线后继续编织。

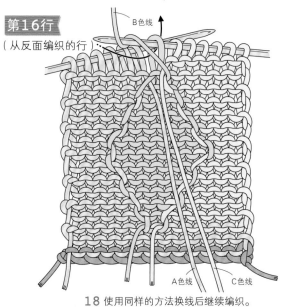

第16行
（从反面编织的行）　B色线

A色线　C色线

18 使用同样的方法换线后继续编织。

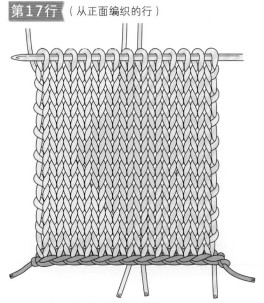

第17行（从正面编织的行）

19 这是第17行的编织终点。

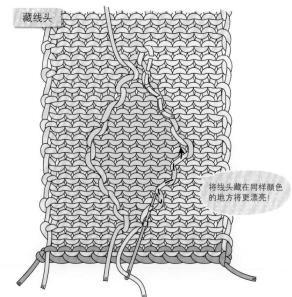

藏线头

将线头藏在同样颜色
的地方将更漂亮！

20 用毛线缝针将线头穿入换线处的渡线中，藏好线头。

下针编织刺绣

需要小小的单点花样，或是想要追加配色花样的颜色等效果时，这是非常方便的方法。

纵向刺绣

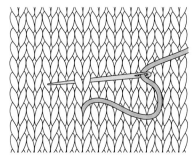

1 从一针的中心的反面向正面将线穿出，挑取上面一行的针目的倒八字的2根线。

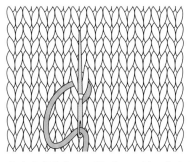

2 在出针的位置入针，从同一针目的中心出针。

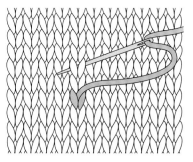

3 重复步骤1、2。

横向刺绣

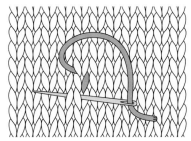

2 步骤1与纵向刺绣的方法相同。在出针的位置入针，在相邻的左侧的针目的中心出针。

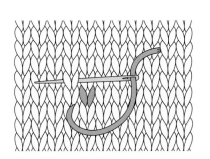

3 挑取上面一行的针目的倒八字的2根线，将线拉出。重复步骤2、3。

斜向刺绣

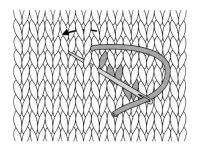

在出针的位置入针，在斜上方1行、1针的针目处出针。随后挑取上面一行的针目。

小绒球的制作方法

不使用特殊的工具来制作小绒球的方法。可以作为围巾、帽子等的一个亮点。

了解后会更方便！

硬纸板

1 在比小绒球的直径略长一些的硬纸板上，缠绕指定圈数的线，将中心系紧。

剪断　系紧

2 将线从硬纸板上拿下来，剪断两端的环形。

剪齐

3 剪齐成球形。系在中心的线留得略微长一些，使用该线将其缝到主体上。

扣眼的编织方法

1针的扣眼（单罗纹针）

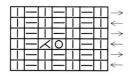

从正面编织的行

1 编织挂针，接下来的2针编织左上2针并1针。

2 挂针和左上2针并1针编织完成后的样子。

从反面编织的行

3 前一行的2针并1针编织上针，挂针编织下针。

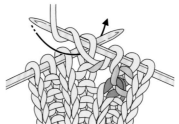

4 接下来与前一行编织相同的针目。

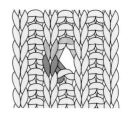

5 从正面看到的完成后的样子。

2针的扣眼（双罗纹针）

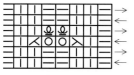

从正面编织的行

1 参照图示在右棒针上编织2针挂针，左上2针并1针。

2 右上2针并1针、2针挂针、左上2针并1针编织完成。

从反面编织的行

3 将右棒针按照箭头的方向分别插入2针挂针中，编织扭针。

4 下一针编织上针。

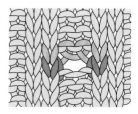

5 从正面看到的完成后的样子。

缝纽扣的方法

使用与织片相同的线。如果线较粗则使用分股线（见第139页）。

1 使用2股线，将线头打结，从纽扣的反面入针，再穿回到反面，穿过线圈。

2 缝到织片上，配合织片的厚度，在纽扣下方的缝线留出相应的长度。

3 在纽扣下方的缝线上绕若干圈线。

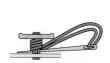

4 将针穿过纽扣下方的线的中间。

5 将针穿出至织片的反面，打结后藏好线头。

纵向的扣眼
（单罗纹针）

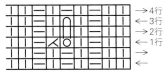

第1行

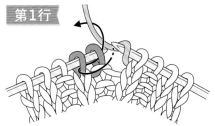

1 在纽扣位置的上针之前编织挂针，接下来的2针编织左上2针并1针。

第2行

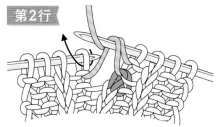

2 前一行的挂针处，先在棒针上挂线，再编织滑针，下一针编织上针。

第3行

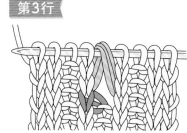

3 下一行在挂针处先编织滑针，挂线，之后编织罗纹针。

第4行

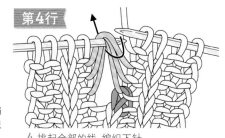

4 挑起全部的线，编织下针。

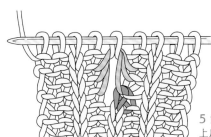

5 第4行编织至边上后的样子。

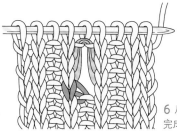

6 从正面看到的完成后的样子。

后开扣眼

编织时不开扣眼，编织完成后再制作扣眼。

1 将扣眼位置的针目向上、向下扩大至可以扣上纽扣的大小。

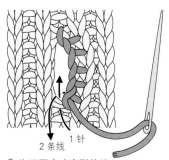

2 为了固定改变形状的针目，做扣眼绣。

扣眼绣的刺绣方法

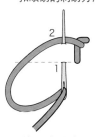

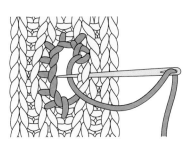

3 刺绣了一圈。

4 在反面藏线头，完成。

针下压线，重复此步骤。如果线拉得过紧，纽扣将不容易穿过，请予以注意。

口袋的编织方法

口袋分为事先编织好再缝上的"贴袋"和在编织身片的过程中编入另线,之后拆掉另线再编织出口袋的"插袋"。在这里,向大家介绍插袋的编织方法。

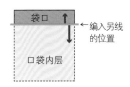

袋口 ← 编入另线的位置
口袋内层

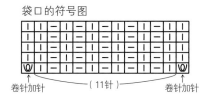

袋口的符号图

卷针加针 （11针） 卷针加针

编织口袋

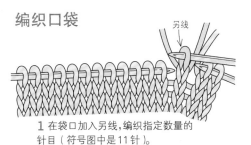

另线

1 在袋口加入另线,编织指定数量的针目（符号图中是11针）。

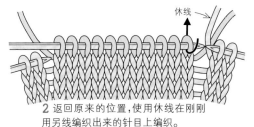

休线→

2 返回原来的位置,使用休线在刚刚用另线编织出来的针目上编织。

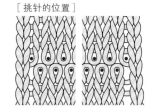

[挑针的位置]

> **还可以应用在手套上！**
>
> 编入另线后再挑针的技巧,在编织手套、连指手套的拇指时也可以用到。

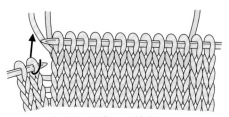

3 袋口编织完成后,继续编织。

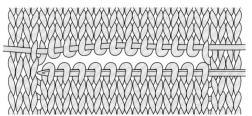

4 身片编织完成后,拆掉另线挑取针目。拆的同时将下侧的针目穿到棒针上,上侧的针目穿到线上。由于上侧是下半弧,所以挑针时左右的半针也要挑取,比袋口要多1针。

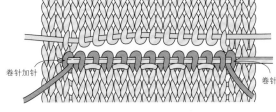

卷针加针　卷针加针

5 从下侧的针目上编织出袋口,从上侧的针目上编织出口袋内层。袋口的第1行作为缝份要在两端各使用卷针加出1针。

将口袋内层缝到身片上

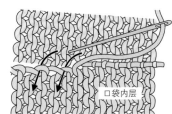

口袋内层

将口袋内层织片的边缝到身片的反面。缝的时候穿入线的中间,以防止在正面看到痕迹。

缝合袋口与身片

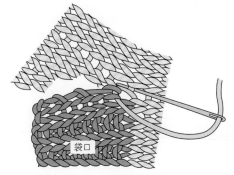

袋口

1 将袋口的线头穿入毛线缝针中,挑取身片上与袋口的第1行相同行的渡线。

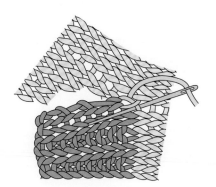

2 挑取袋口第1行的渡线。

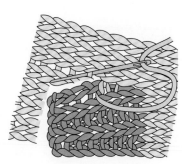

3 使用挑针缝合的方法,缝合袋口的边。最后的转角处一定要缝紧。

细绳的编织方法

由于使用钩针钩织的细绳，在棒针作品中也很常见，学会的话就会非常方便。
锁针请参照第 18 页的另线锁针的编织方法。

引拔针的细绳

两层锁针重叠在一起。钩织比所需长度多一些的锁针备用，多余的部分可以在之后拆开。

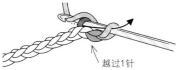

越过1针

1 钩织比所需长度多一些的锁针，越过 1 针锁针，在下一针的里山入针，挂线后引拔。

2 下一针也在里山入针，挂线后引拔。

3 重复步骤2。

罗纹绳

是制作简单而又非常方便的细绳。完成后的样子与引拔针的细绳相似。

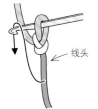

线头

1 留出所需长度的 3 倍的线头，做锁针的起针。将线头按照箭头的方向挂到钩针上。

2 在针尖上挂线后引拔。

3 重复"将线头挂在针上，再挂线钩织锁针"。

双重锁针的细绳

类似于并排钩织 2 针锁针的感觉。钩织出的细绳十分紧凑。

拿开

1 钩织 1 针锁针，将钩针插入其里山中。

2 挂线后从里山中拉出。

3 将钩针从步骤2钩织出的针目中拿开，为了使针目不散开，要用手指按住。

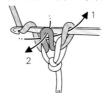

4 钩织 1 针锁针，从刚刚松开的针目的后侧入针。

5 挂线后拉出。

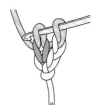

6 重复步骤3～5。

虾形绳

编织的针目很像是虾的体节，是一款很有韵味的细绳。

1 钩织 2 针锁针，在第 1 针的半针和里山处入针，挂线后拉出。

2 再一次挂线，从 2 个线圈中引拔。

3 在步骤1的第 2 针的半针处入针，直接将织片向左转。

4 挂线后拉出。

5 再一次挂线，从 2 个线圈中引拔。

6 按照箭头的方向在 2 个线圈中入针。

7 将织片向左转。

8 在针上挂线，从 2 个线圈中拉出。

9 再一次挂线，从所有的线圈中引拔。

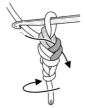

10 重复步骤6～9。每次都将织片向左转。

Let's try ! **尝试编织作品吧！**
来编织很受欢迎的配色花样的作品吧！
伴随着一个个花样出现，乐趣也将成倍增长。

✳ 短裙

与牛仔装和腿暖都很搭的外穿短裙。
虽然是多种颜色的，但由于花样比较简单，
编织起来也比较轻松。

设计 / 冈本真希子
使用线 / 芭贝 British Eroika

【短裙的编织方法】

✘线…芭贝 British Eroika 深藏青色（102）210g, 米色（182）、蓝灰色（178）、玫红色（168）
各 20g

✘针…棒针 9 号、7 号 钩针 10/0 号（起针用）

✘其他…宽 1.5cm、长 145cm 的缎带 1 根

✘编织密度…10cm×10cm 面积内：配色花样、下针编织均为 18 针、24 行

✘成品尺寸…裙摆周长 98cm, 裙长 40cm

编织要点

另线锁针起针，起 176 针，环形编织配色花样。编织 44 圈后，改为下针编织，再编织 22 圈。
换为 7 号棒针，编织 24 圈双罗纹针，其中，要在第 11 圈编织穿缎带的孔（挂针）。编织终点，
做下针织下针、上针织上针的伏针收针。使用 7 号棒针，从编织起点的另线锁针上挑针（见
第 140 页），编织 7 圈起伏针，编织终点做上针的伏针收针。将缎带穿入穿缎带的孔中。

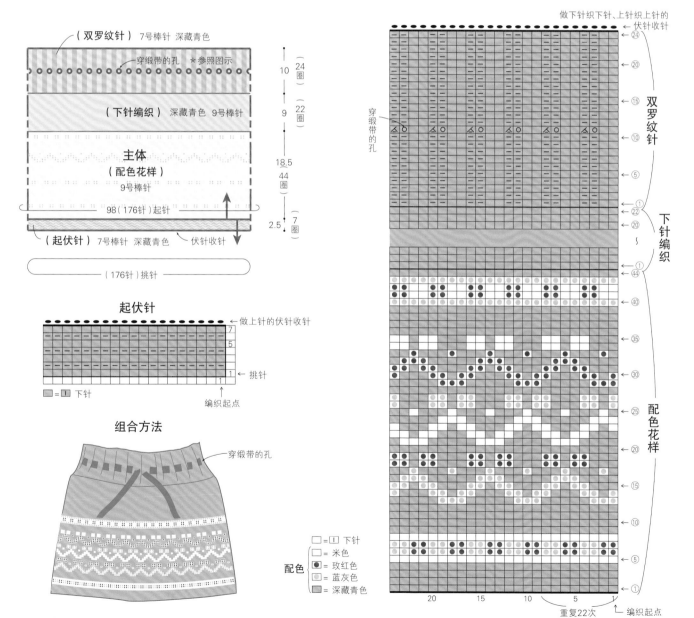

做下针织下针、上针织上针的
伏针收针

（双罗纹针） 7号棒针 深藏青色
穿缎带的孔 ＊参照图示
10（24圈）

（下针编织） 深藏青色 9号棒针
9（22圈）

主体
（配色花样）
9号棒针
18.5（44圈）

98（176针）起针

（起伏针）7号棒针 深藏青色 伏针收针
2.5（7圈）

（176针）挑针

双罗纹针
下针编织
配色花样

穿缎带的孔

重复22次
8针1个花样

编织起点

起伏针

做上针的伏针收针
7
5
挑针
1
1

编织起点

＝ 下针

组合方法

穿缎带的孔

配色
□＝ 下针
□＝ 米色
●＝ 玫红色
□＝ 蓝灰色
■＝ 深藏青色

81

✳ 帽子（配色花样）

北欧风的雪花图案以及红色和米色的配色组成了这项可爱的帽子。
由于是环形编织，在编织的过程中
千万注意反面的渡线不要拉得过紧。

设计 / 冈本真希子
制作 / 小泽智子
使用线 / 芭贝 Queen Anny

【帽子（配色花样）的编织方法】

✖ 线…芭贝 Queen Anny 红色（818）55g，米色（812）20g
✖ 针…棒针 6 号、4 号 钩针 8/0 号（起针用）
✖ 编织密度…10cm×10cm 面积内：配色花样、下针编织均为 20 针、26 行
✖ 成品尺寸…头围 56cm，帽深 21.5cm

编织要点

另线锁针起针，起 112 针，环形编织配色花样，编织 30 圈后，继续
编织 18 圈下针编织，从第 5 圈开始在编织的同时做分散减针。将线
每隔 1 针穿入编织终点的针目中并收紧（见第 128 页）。从编织起点
的另线锁针上挑针（见第 140 页），编织 8 圈单罗纹针，编织终点做
单罗纹针收针（见第 124 页）。

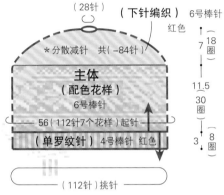

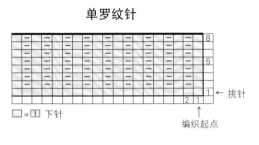

主体的分散减针

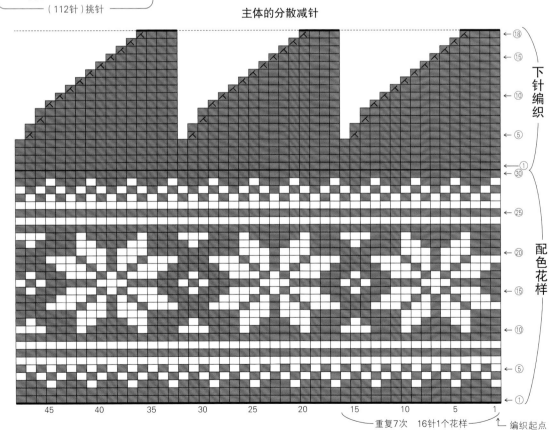

配色
□=☐ 下针
□= 米色
■= 红色

✳ 半指手套

想要装饰手部，最适合使用略细的线来编织手套了。
拇指可以伸出来的设计，令手活动方便，
另外，可以完全包裹住手背，也很暖和。适合编织过一些作品的人。

设计 / 冈本真希子　制作 / 小泽智子
使用线 / 和麻纳卡 Rich More Percent

【半指手套的编织方法】

✗线…和麻纳卡 Rich More Percent 米色（98）20g，茶色（100）15g，粉色（65）、绿色（104）、深棕色（89）各5g

✗针…棒针5号、3号　钩针7/0号（起针用）

✗编织密度…10cm×10cm 面积内：配色花样 22.5 针、30 行

✗成品尺寸…掌围 22cm，长 21cm

编织要点

另线锁针起针，起50针，编织40行配色花样，在第23行的拇指的位置编入另线（见第78页）。换为3号棒针，接着编织8行单罗纹针，做单罗纹针收针（见第124页）。使用3号棒针从编织起点的另线锁针上挑针（见第140页），编织16行单罗纹针，做单罗纹针收针。拆开拇指的位置的另线，将针目移至针上，做一圈伏针收针。从织片的反面使用蒸汽熨斗熨烫定型（见第148页），使用毛线缝针将两侧挑针缝合（见第134页）。

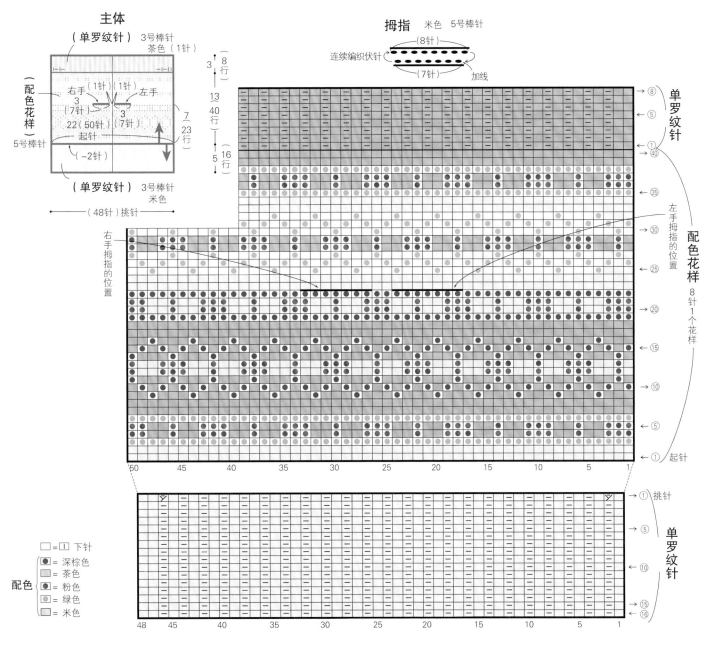

第四章

服装的编织方法

使用目前为止出现过的技巧，来尝试编织服装吧。

最初对于没听过的用语及不熟悉的编织方法图可能会有些迷茫，

只要按照顺序慢慢地做就可以。

乍一看或许觉得很难，但实际上有些比想象中的要简单。

这里准备了很多编织服装时所必需的技巧，

如果在编织作品时遇到了问题，可以充分地利用起来。

在编织服装之前

各部件的名称及编织顺序

在编织书中，一定有编织方法页，上面写着要怎样编
织的说明。这里以常见的衣服为例，在了解各部件的
名称的同时，来看一下编织的顺序吧。
红色的字是各部件的名称，蓝色的字是表示尺寸时所
使用的词语。

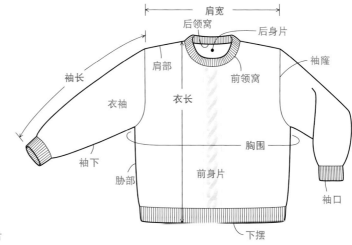

肩宽
后领窝
后身片
肩部
袖长
衣袖
前领窝
衣长
胸围
前身片
胁部
袖下
下摆
袖口
袖隆

套头衫

服装中最基本的款式就是套头衫。
编织方法因作品的不同而不同，
但一般都是前、后身片从下摆开
始编织，衣袖从袖口开始编织，
最后再将各个部件组合在一起。

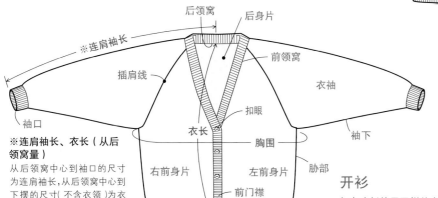

※连肩袖长
后领窝
后身片
前领窝
插肩线
衣袖
扣眼
衣长
胸围
右前身片
左前身片
胁部
前门襟
袖下
袖口
下摆

**※连肩袖长、衣长（从后
领窝量）**

从后领窝中心到袖口的尺寸
为连肩袖长，从后领窝中心到
下摆的尺寸（不含衣领）为衣
长（从后领窝量）。在肩部与衣
袖为一体的设计中，使用连肩
袖长、衣长（从后领窝量）表
示。

开衫

与套头衫使用同样的方法编织，但需编织前门襟、扣眼等，
工序略微多一些。一般前身片与后身片要分别编织，但有
时给小孩子编织或尺寸小时，也会连续编织。

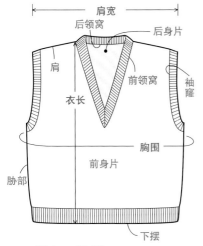

肩宽
后领窝
后身片
肩
前领窝
袖隆
衣长
胸围
胁部
前身片
下摆

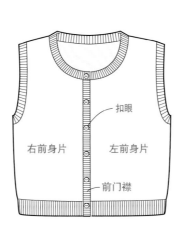

后身片
扣眼
右前身片
左前身片
前门襟

编织顺序 （一般的情况）

1 测量编织密度
2 编织后身片
3 编织前身片
4 编织两个衣袖
5 将编织好的各个部件熨烫定型
6 缝合肩部
7 编织衣领（开衫还要编织前门襟）
　※插肩袖在编织衣领前要先上衣袖
8 缝合胁部、袖下
9 上衣袖
10 熨烫定型

背心、马甲

套头款称为背心，前开款称为马甲，基本上与套头衫、开衫的编织方法相同，由于无
须上衣袖，制作起来更加简单一些。

编织方法图和符号图的看法

编织方法图中包含着关于编织作品的各种各样的信息，是类似于说明书一样的东西。将编织方法图的信息使用实际编织的针目(大量的针目)的编织符号表示出来的就是符号图。
在作品集等中，有时会省略符号图，因此学会看编织方法图是十分重要的。

身片的编织方法图

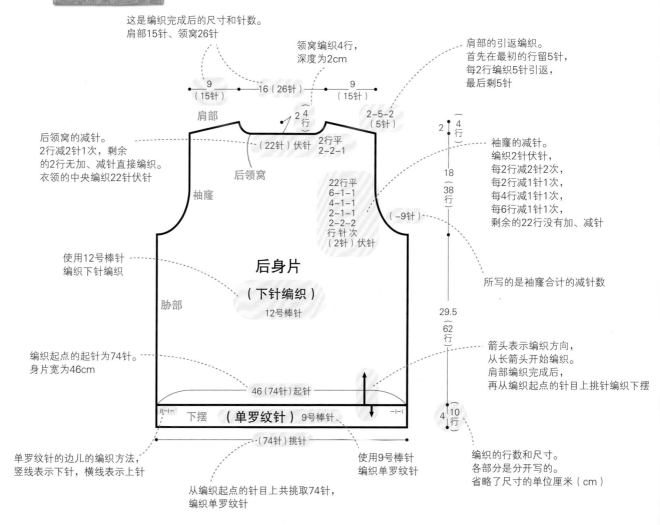

这是编织完成后的尺寸和针数。
肩部15针、领窝26针

领窝编织4行，
深度为2cm

肩部的引返编织。
首先在最初的行留5针，
每2行编织5针引返，
最后剩5针

9
（15针） —— 16（26针） —— 9
（15针）

肩部

2-5-2
（5针）

2 4
行

后领窝的减针。
2行减2针1次，剩余
的2行无加、减针直接编织。
衣领的中央编织22针伏针

（22针）伏针

2行平
2-2-1

后领窝

袖窿的减针。
编织2针伏针，
每2行减2针2次，
每2行减1针1次，
每4行减1针1次，
每6行减1针1次，
剩余的22行没有加、减针

2 4
行

18
38
行

袖窿

22行平
6-1-1
4-1-1
2-1-1
2-2-2
行 针 次
（2针）伏针

（-9针）

所写的是袖窿合计的减针数

使用12号棒针
编织下针编织

后身片

（下针编织）

12号棒针

胁部

29.5
62
行

编织起点的起针为74针。
身片宽为46cm

46（74针）起针

箭头表示编织方向，
从长箭头开始编织。
肩部编织完成后，
再从编织起点的针目上挑针编织下摆

||-|-| 下摆 （单罗纹针）9号棒针 -|-||

4 10
行

（74针）挑针

单罗纹针的边儿的编织方法，
竖线表示下针，横线表示上针

从编织起点的针目上共挑取74针，
编织单罗纹针

使用9号棒针
编织单罗纹针

编织的行数和尺寸。
各部分是分开写的。
省略了尺寸的单位厘米（cm）

弧线及斜线部分的看法

领窝、袖窿、袖山、袖下等位置，写有类似于数列的东西。这称
为推算，是为了编织出自然而又优美的弧线或斜线，表示在哪一
行减多少针或加多少针的数字。纵列依次表示的是，左侧为编织
的"行"数，中央是加、减针的"针"数，右侧是相同的操作重
复的"次"数。由于是由下向上编织，所以这些数字也是从下面
开始按照顺序排列的。可以配合着第91页的编织方法的说明进
行确认。

22 行平
6 — 1 — 1
4 — 1 — 1
2 — 1 — 1
2 — 2 — 2
行 针 次
（2针）伏针

后身片的符号图　（斜肩和后领窝。除说明以外的部分均与前身片相同）

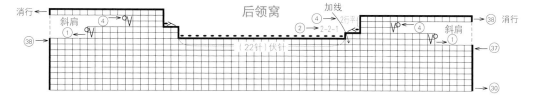

消行 ← 斜肩 ① ④ V 后领窝 加线 2行平 ④ 2-2-1 ② 38 消行

38 ① V （22针）伏针 37

30

前身片的符号图

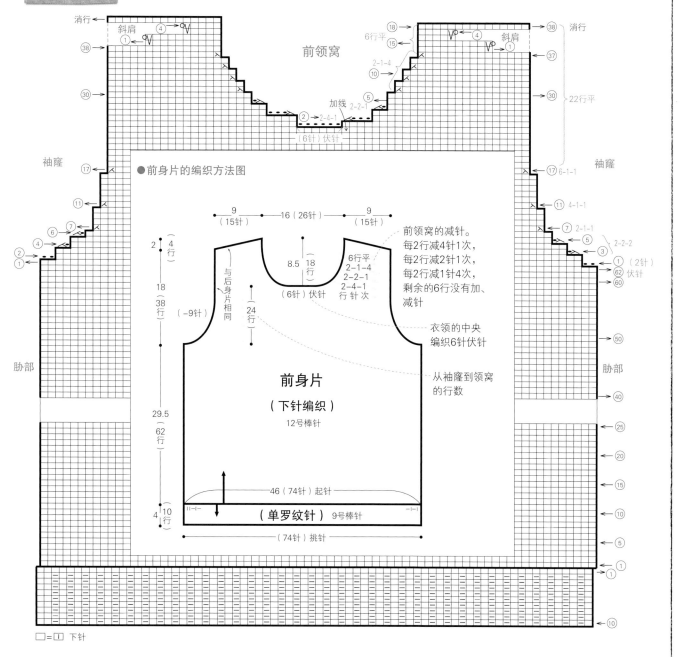

●前身片的编织方法图

前领窝的减针。
每2行减4针1次，
每2行减2针1次，
每2行减1针4次，
剩余的6行没有加、
减针

衣领的中央
编织6针伏针

从袖窿到领窝
的行数

前身片
（下针编织）
12号棒针

46（74针）起针

（单罗纹针）9号棒针

（74针）挑针

□ = ① 下针

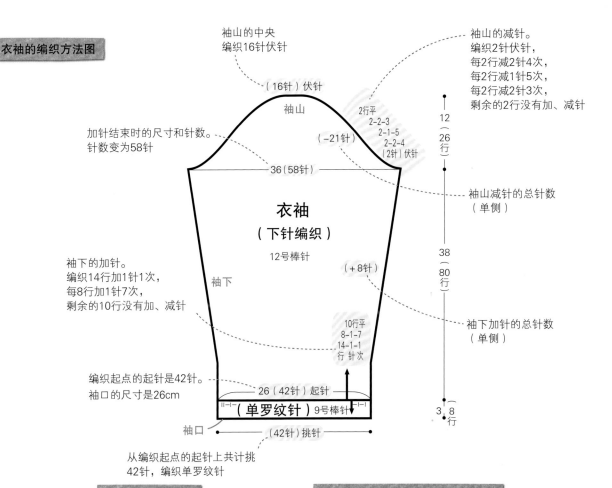

衣袖的编织方法图

袖山的中央
编织16针伏针

（16针）伏针

袖山

袖山的减针。
编织2针伏针，
每2行减2针4次，
每2行减1针5次，
每2行减2针3次，
剩余的2行没有加、减针

加针结束时的尺寸和针数。
针数变为58针

2行平
2-2-3
2-1-5
2-2-4
（2针）伏针

（−21针）

36（58针）

12
（26
行）

衣袖
（下针编织）

12号棒针

袖山减针的总针数
（单侧）

袖下的加针。
编织14行加1针1次，
每8行加1针7次，
剩余的10行没有加、减针

袖下

（+8针）

38
（80
行）

10行平
8-1-7
14-1-1
行 针次

袖下加针的总针数
（单侧）

编织起点的起针是42针。
袖口的尺寸是26cm

26（42针）起针

（单罗纹针）9号棒针

3（8
行）

袖口

（42针）挑针

从编织起点的起针上共计挑
42针，编织单罗纹针

衣领的编织方法图

前门襟和衣领、袖口的编织方法图

衣领（单罗纹针）9号棒针

后领与前领连续
环形编织

从后领窝上
挑取32针

（32针）挑针

4
（10
圈）

衣领的尺寸和
圈（行）数

后领窝

前领窝

（42针）挑针

从前领窝上挑取42针

前门襟、衣领、袖口（双罗纹针）4号棒针

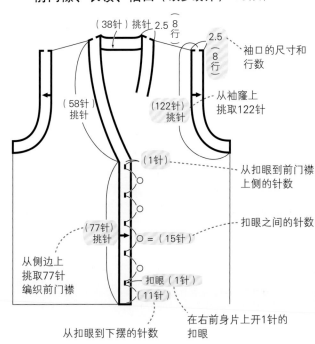

（38针）挑针 2.5（8
行）

2.5
（8
行）

袖口的尺寸和
行数

（58针）
挑针

（122针）
挑针

从袖窿上
挑取122针

（1针）

从扣眼到前门襟
上侧的针数

（77针）
挑针

（15针）

扣眼之间的针数

从侧边上
挑取77针
编织前门襟

扣眼（1针）

（11针）

套头衫编织衣领、开衫编织前门襟和衣领、马甲编织
袖口，编织各个作品所需要的数据都记录在各自的编
织方法图中。

从扣眼到下摆的针数

在右前身片上开1针的
扣眼

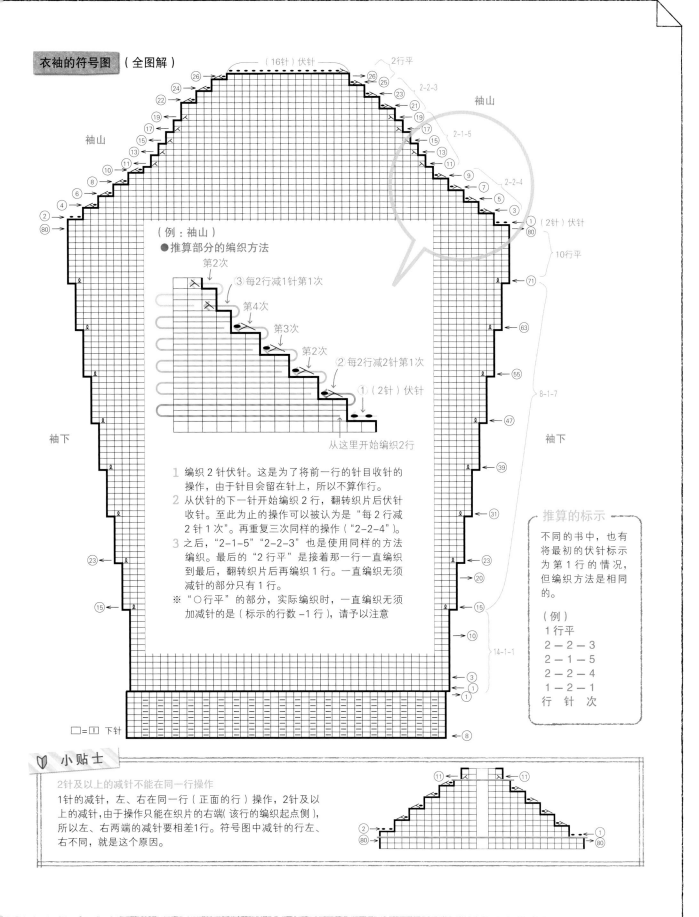

衣袖的符号图（全图解）

（16针）伏针

2行平

2-2-3

袖山

（例：袖山）
● 推算部分的编织方法

第2次

③每2行减1针第1次

第4次

第3次

第2次

②每2行减2针第1次

①（2针）伏针

从这里开始编织2行

2行平

2-1-5

2-2-4

（2针）伏针

10行平

8-1-7

14-1-1

袖山

袖下

1 编织 2 针伏针。这是为了将前一行的针目收针的操作，由于针目会留在针上，所以不算作行。

2 从伏针的下一针开始编织 2 行，翻转织片后伏针收针。至此为止的操作可以被认为是"每 2 行减 2 针 1 次"。再重复三次同样的操作（"2-2-4"）。

3 之后，"2-1-5""2-2-3"也是使用同样的方法编织。最后的"2 行平"是接着那一行一直编织到最后，翻转织片后再编织 1 行。一直编织无须减针的部分只有 1 行。

※ "○行平"的部分，实际编织时，一直编织无须加减针的是（标示的行数 -1 行），请予以注意

推算的标示

不同的书中，也有将最初的伏针标示为第 1 行的情况，但编织方法是相同的。

（例）
1 行平
2 — 2 — 3
2 — 1 — 5
2 — 2 — 4
1 — 2 — 1
行　针　次

袖下

□=下针

小贴士

2针及以上的减针不能在同一行操作

1针的减针，左、右在同一行（正面的行）操作，2针及以上的减针，由于操作只能在织片的右端（该行的编织起点侧），所以左、右两端的减针要相差1行。符号图中减针的行左、右不同，就是这个原因。

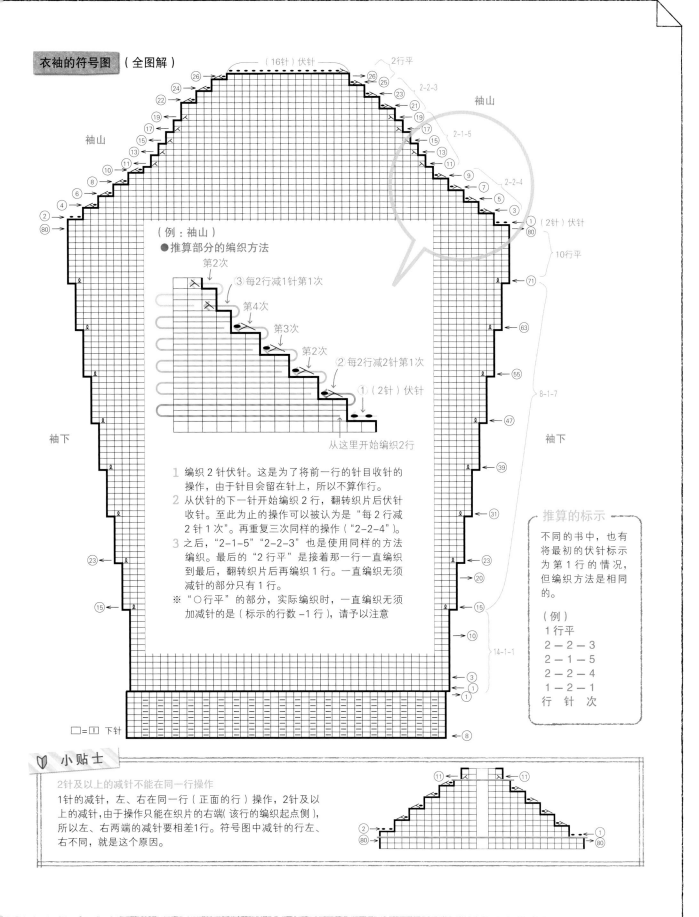

罗纹针的起针

罗纹针的边缘漂亮又自然,且具有伸缩性。
看起来比基本的起针方法略微复杂,但只要掌握了诀窍就很简单。

另线锁针单罗纹针的起针

编织3行下针编织,在挑起第1行的下半弧的同时进行起针。

右端2针下针、左端1针下针的情况

● 第1行的起针数(另线锁针)=所需的针数(偶数)÷2+1针

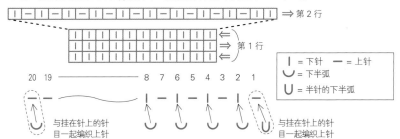

	= 下针	— = 上针
U = 下半弧		
U = 半针的下半弧		

与挂在针上的针目一起编织上针

与挂在针上的针目一起编织上针

第1行

起针数是所需的针数÷2+1针

1 使用与第18页相同的方法起针,最后穿入1个行数别针。

←行数别针

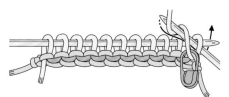

2 翻转织片,编织1行上针。

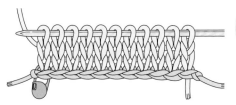

3 翻转织片,编织1行下针。编织完成了3行下针编织。

💚 小贴士

第1行使用粗一些的针吧!

在第2行,由于针数增加了一倍,为了不至于过紧,第1行(下针编织的3行)要使用比编织罗纹针粗2个号码的针编织。另线锁针也要配合着棒针的粗细,使用较粗的钩针钩织。

第2行

移动后的第1针

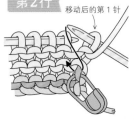

4 换为编织单罗纹针的棒针,将棒针从后侧插入第1针中并将针目移过来。随后将针插入放有行数别针的下半弧中。

移动这2针

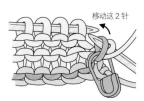

5 直接挑起,将2针移回左棒针上。

6 移动后的样子。

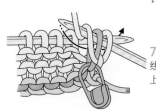

7 在右棒针上挂线,2针一起编织上针。

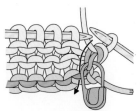

8 随后将右棒针按照箭头的方向插入第1行的下半弧中。

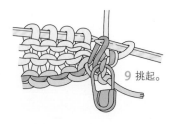

9 挑起。

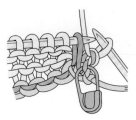

10 将挑起的下半弧移到左棒针上。

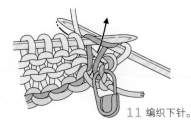

11 编织下针。

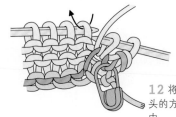

12 将右棒针按照箭头的方向插入下一针中。

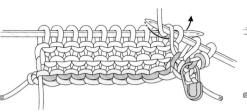

13 挂线后拉出,编织上针。

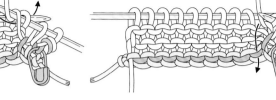

14 编织了3针后的样子。接下来重复步骤8~13进行编织。

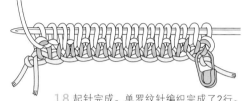

移到右棒针上

15 将最后1针移到右棒针上,用左棒针挑起最后的下半弧。

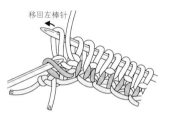

移回左棒针

16 将右棒针上的针目移回左棒针。

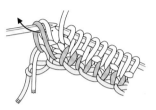

17 2针一起编织上针。

18 起针完成。单罗纹针编织完成了2行。取下行数别针。编织5行或6行之后拆掉另线锁针(见第95页)。

两端均为1针下针的情况

● 第1行的起针数(另线锁针)=[所需的针数(奇数)+1针]÷2

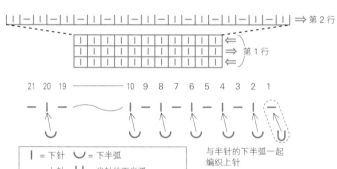

21 20 19 —— 10 9 8 7 6 5 4 3 2 1

与半针的下半弧一起编织上针

| = 下针　∪ = 下半弧
− = 上针　Ụ = 半针的下半弧

※左端的编织方法参见第92页的步骤1~12、第93页的步骤13、14

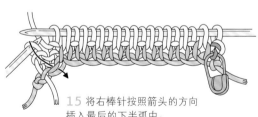

15 将右棒针按照箭头的方向插入最后的下半弧中。

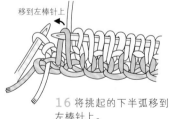

移到左棒针上

16 将挑起的下半弧移到左棒针上。

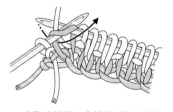

17 重新插入右棒针,编织下针。

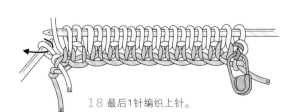

18 最后1针编织上针。

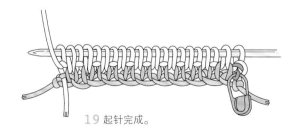

19 起针完成。

右端1针下针、左端2针下针的情况

● 第1行的起针数（另线锁针）=所需的针数（偶数）÷2

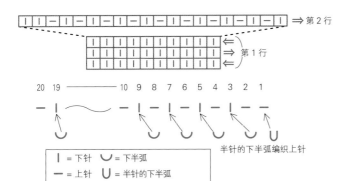

⇒第2行
⇒第1行

20 19 —————— 10 9 8 7 6 5 4 3 2 1

半针的下半弧编织上针

| = 下针　∪ = 下半弧
— = 上针　∪ = 半针的下半弧

※第1行的编织方法参见第92页的步骤1~3

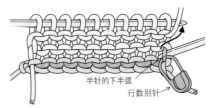

4 翻转织片，换为编织单罗纹针的棒针，将棒针插入带有行数别针的下半弧中并将其挑起。

半针的下半弧
行数别针

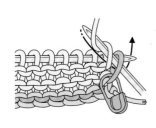

5 将步骤4中挑起的针目移到左棒针上，编织上针。

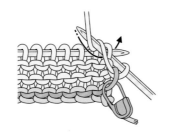

6 下一针（挂在左棒针上的第1针）编织上针。

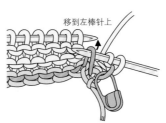

7 用右棒针挑起第1行的下半弧，移到左棒针上。

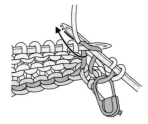

8 重新插入右棒针，编织下针。

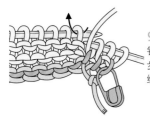

9 下一针编织上针。之后，重复步骤7~9进行编织。

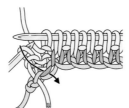

10 将右棒针按照箭头的方向插入最后的下半弧中。

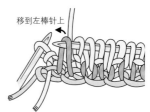

移到左棒针上

11 将挑起的下半弧移到左棒针上。

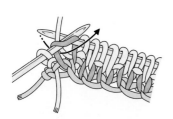

12 重新插入右棒针，编织下针。

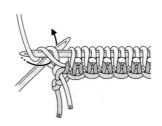

13 最后1针编织上针。

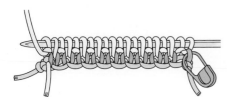

14 起针完成。单罗纹针的第2行编织完成。

┌─ 挑起下半弧的方法 ──────

在编织步骤10~12时，将右棒针从下向上入针并挑起，不移到左棒针上也能编织下针。由于少了一道工序会方便一些，但需要一定的技巧，熟练的人推荐使用这种方法。

编织下针

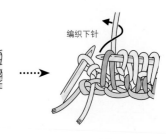

两端均为2针下针的情况

● 第1行的起针数（另线锁针）=[所需的针数（奇数）+1针]÷2

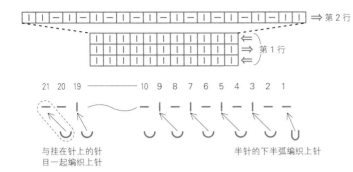

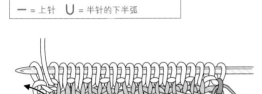

21 20 19 ————— 10 9 8 7 6 5 4 3 2 1

与挂在针上的针
目一起编织上针

半针的下半弧编织上针

| I = 下针　　∪ = 下半弧 |
| — = 上针　　∪ = 半针的下半弧 |

※左端的编织方法参见第94页步骤1~9

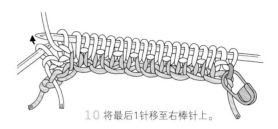

10 将最后1针移至右棒针上。

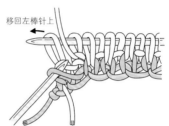

11 将左棒针按照箭头的方向插入最后的下半弧中，挑起。

移回左棒针上

12 将移到右棒针上的针目移回左棒针上。

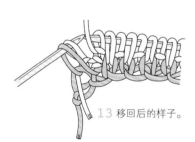

13 移回后的样子。

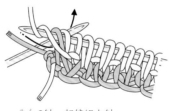

14 2针一起编织上针。

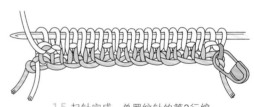

15 起针完成。单罗纹针的第2行编织完成。

― 拆掉另线锁针的方法 ―

单罗纹针的起针完成后，编织若干行，比较稳定后拆掉另线锁针。
尽早拆掉，另线的纤维不会残留，将会更漂亮。

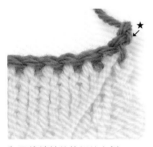

1 另线锁针的编织终点侧。
★为边上的里山。

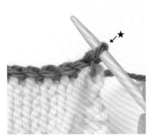

2 将棒针插入边上的里山中。

3 拉线，将线头拉出。

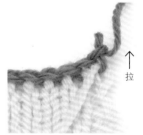

4 拉线头，即可拆开。

另线锁针双罗纹针的起针

使用与单罗纹针相同的方法起针。第2行是每2针交替地编织上针和下针。

两端均为2针下针的情况

● 第1行的起针数（另线锁针）=[所需的针数（4的倍数+2针）+2针]÷2

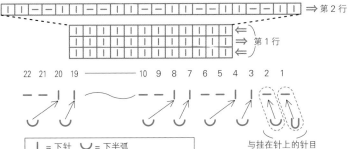

22 21 20 19 —— 10 9 8 7 6 5 4 3 2 1

与挂在针上的针目
一起编织上针

| = 下针　∪ = 下半弧

— = 上针　∪ = 半针的下半弧

起针数是
（所需的针数 + 2针）
÷2

第1行

1 用线从另线锁针的里山上挑取针目以起针（使用比编织双罗纹针的针号大2号的棒针）。最后穿入行数别针。

←行数别针

第2行

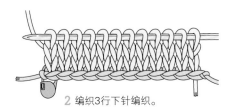

2 编织3行下针编织。

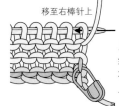

移至右棒针上

3 翻转织片，换为编织双罗纹针的棒针，将第1针移至右棒针上。

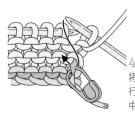

4 按照箭头的方向将右棒针插入放有行数别针的下半弧中。

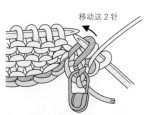

移动这2针

5 直接挑起，将2针移至左棒针上。

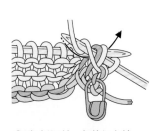

6 移动的2针一起编织上针。

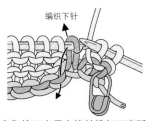

移至右棒针上　1

2

7 下一针也移至右棒针上，将右棒针按照箭头的方向插入下半弧中。

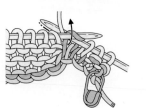

移动这2针

8 直接挑起，将2针移至左棒针上。

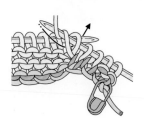

9 移动的2针一起编织上针。

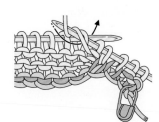

编织下针

10 接下来用右棒针挑起下半弧移至左棒针上，编织下针。

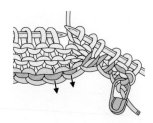

11 使用同样的方法挑起下一个下半弧，编织下针。

12 挂在左棒针上的针目编织上针。

13 下一针也编织上针。

14 之后，重复步骤10~13。

15 最后的2个下半弧挑起后也编织下针。

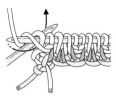

16 挂在左棒针上的2针分别编织上针。

17 起针完成。双罗纹针的第2行编织完成。

右端2针下针、左端3针下针的情况

● 第1行的起针数（另线锁针）=[所需的针数（4的倍数+3针）+1针]÷2

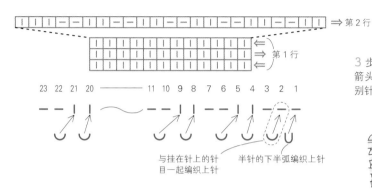

与挂在针上的针目一起编织上针　　半针的下半弧编织上针

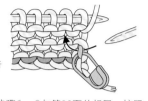

3 步骤1、2与第96页的相同。按照箭头的方向将右棒针插入带有行数别针的下半弧中，并将其挑起。

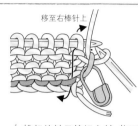

4 挑起的针目编织上针，将下一针移至右棒针上，挑起下半弧。

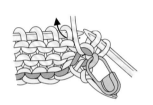

5 移至右棒针上的针目与挑起的下半弧一起编织上针，挂在左棒针上的针目编织上针（左端的3针下针编织完成）。

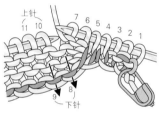

6 重复"下半弧编织2针下针、挂在针上的针目编织2针上针"。

7 起针完成。

※第2行的编织终点的处理方法参见上面的步骤15~17

右端3针下针、左端2针下针的情况

● 第1行的起针数（另线锁针）=[所需的针数（4的倍数+3针）+3针]÷2

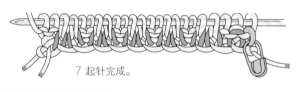

与挂在针上的针目一起编织上针　　与挂在针上的针目一起编织上针

※第2行的编织起点的处理方法参见第96页的步骤1~14

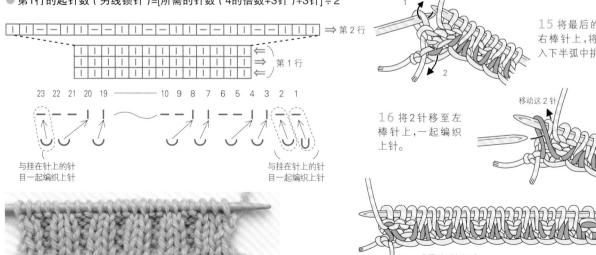

15 将最后的针目移至右棒针上，将右棒针插入下半弧中挑起。

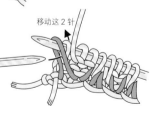

16 将2针移至左棒针上，一起编织上针。

17 起针完成。

97

用手指起单罗纹针的方法

不使用另线，直接使用编织线进行起针的方法。第2行是袋状编织，实际上编织的是4行，但数为3行。

右端2针下针、左端1针下针的情况

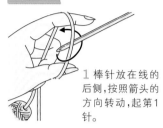

第1行

1 棒针放在线的后侧，按照箭头的方向转动，起第1针。

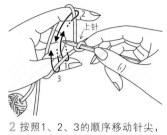

2 按照1、2、3的顺序移动针尖，起下一针。

※短线头端留出约为所需宽度3倍的长度，将短线挂在拇指上，长线挂在食指上。罗纹针起针时使用1根棒针

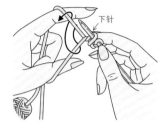

3 第3针，棒针按照箭头的方向移动。重复步骤2、3，最后以步骤2的操作结束。

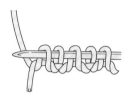

4 第1行左端的状态。

第2行

5 翻转织片。这一行交替编织1针上针的浮针和1针下针。

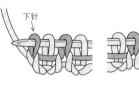

6 第2行编织完成。

7 翻转织片。这一行也交替编织1针上针的浮针和1针下针（步骤5~7为袋状编织）。

第3行

8 从边上开始交替编织1针上针和1针下针。

9 最后1针编织上针。第3行编织完成。

两端均为2针下针的情况

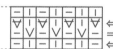

第1行

1 使用与"右端2针下针、左端1针下针的情况"同样的方法起针，最后以步骤3的操作结束。

第2行

2 翻转织片。将线留在织片前，边上的2针编织上针的浮针。

3 接下来交替编织1针下针和1针上针的浮针。

4 最后1针编织下针。

5 翻转织片。交替编织1针上针的浮针和1针下针。最后的针目编织下针。

第3行

6 边上的2针编织上针，接下来交替编织1针下针和1针上针。最后的针目编织上针。

两端均为1针下针的情况

第3行⇒
⇐第2行
⇒
⇐第1行

第1行

1 棒针放在线的前面,按照箭头的方向转动1圈后起出第1针。

2 按照箭头的方向移动针尖,起下一针。

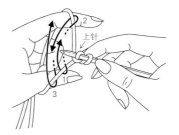

3 按照1、2、3的顺序移动针尖,起第3针。重复步骤2、3。

4 第1行的最后以步骤3的操作结束。

第2行

5 翻转织片。在这一行,交替编织1针上针的浮针和1针下针。

6 最后的针目编织上针的浮针。

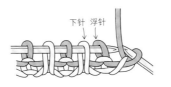

7 翻转织片。边上的针目编织下针。

8 第2针编织上针的浮针。之后,交替编织下针和上针的浮针。

第3行

9 从边上开始交替编织上针和下针。

右端1针下针、左端2针下针的情况

第3行⇒
⇐第2行
⇐第1行

第1行

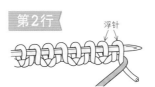

1 使用与"两端均为1针下针的情况"同样的方法开始起针,最后以步骤2的操作结束。

第2行

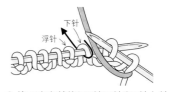

2 翻转织片。将线留在前面,边上的2针编织上针的浮针。

3 接下来交替编织1针下针和1针上针的浮针。

4 最后的针目编织上针的浮针。

5 翻转织片。边上的针目编织下针,之后交替编织1针上针的浮针和1针下针。最后的针目编织下针。

第3行

6 边上的2针编织上针,接下来交替编织1针下针和1针上针。

减针

减少挂在针上的针目的数量叫作"减针"。
在织片的边上或中间，编织左、右的2针并1针进行减针。

立起侧边1针减针

在编织袖窿、领窝等处的弧线或斜线时，
用在织片的两端。左右两端在同一行操作。

〈下针的情况〉

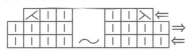

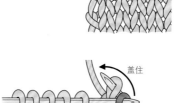

1 右侧编织右上2针并1针。首先第1针不编织直接移至右棒针上，下一针编织下针。

2 使用不编织直接移动的针目盖住下针。

3 右侧的立起侧边1针减针完成。

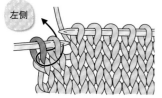

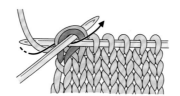

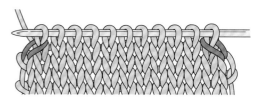

4 左侧编织左上2针并1针。将右棒针按照箭头的方向插入最后的2针中。

5 2针一起编织下针。

6 右侧和左侧的立起侧边1针减针完成。

〈上针的情况〉

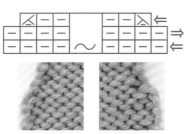

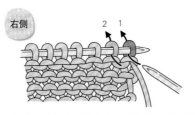

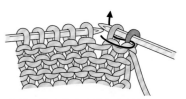

1 右侧编织上针的右上2针并1针。将右侧的2针按照1、2的顺序移至右棒针上。

2 按照箭头的方向将左棒针插入移至右棒针上的2针中，移回。

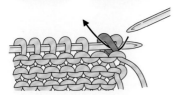

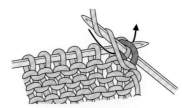

3 按照箭头的方向插入右棒针。

4 2针一起编织上针。

5 编织至左棒针上剩余2针。

6 编织上针的左上2针并1针。将右棒针按照箭头的方向插入左棒针上的2针中，2针一起编织上针。

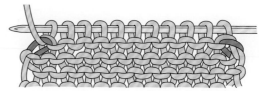

7 右侧和左侧的立起侧边1针减针完成。

立起侧边2针减针

在插肩线，V领、Y领的前领斜线等处所设计的线条，为了使其更加显眼时使用。
是一种令缝合、挑针等更方便的方法。

〈 下针的情况 〉

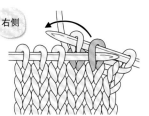
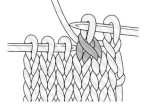

1 边上的1针编织下针，第2针和第3针编织右上2针并1针。

2 右侧的减针完成。

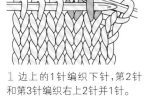

1 从左侧开始数的第2针和第3针编织左上2针并1针。

2 边上的针目编织下针。左侧的减针完成。

〈 上针的情况 〉

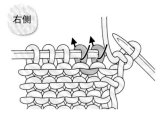
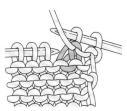

1 边上的1针编织上针，第2针和第3针编织上针的右上2针并1针。

2 右侧的减针完成。

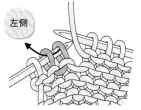
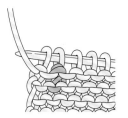

1 从左侧开始数的第2针和第3针编织上针的左上2针并1针。

2 边上的针目编织上针，完成。

分散减针 在织片中间的若干个地方均匀地进行减针。在罗纹针的交界处等使用。

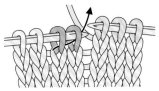

1 编织至减针之前的位置。从2针的左侧插入右棒针。

2 在右棒针上挂线，2针一起编织下针。

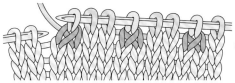

3 按照计算出来的间隔（见第112页）做2针并1针的减针。有时也会做3针并1针的减针。

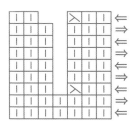

想要向上渐渐地缩小宽度，要通过若干行进行操作。

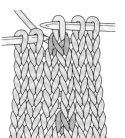
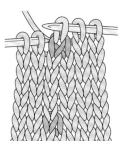

原则上是相等的间隔，但有时也会考虑编织花样的循环，再决定减针的位置。

左右对称时，右上2针并1针对应的是左上2针并1针。

伏针

2针及以上的减针可使用伏针。由于只能在有线头的一侧进行操作，所以织片的左右两侧会错开1行。

袖窿的编织方法

让我们来看一下使用伏针和立起侧边1针减针的方法如何编织袖窿吧。
袖山也可以使用同样的方法编织。

〈左侧的伏针和减针〉 〈右侧的伏针和减针〉

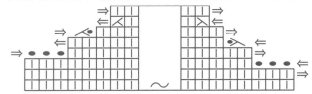  

伏针 ●●● ←（看着正面编织）

右侧第1次

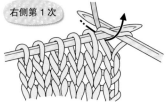

1 第1针编织下针。

2 第2针也编织下针。

3 用右侧的针目盖住左侧的针目（第1针伏针）。

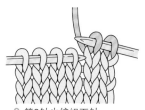

4 下一针编织下针、盖住（第2针伏针）。

5 下一针也编织后盖住，第3针伏针完成。接下来编织下针。

6 编织下针至左侧。

伏针 ⇒ ●●● （看着反面编织）

左侧第1次

  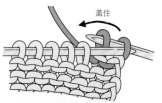 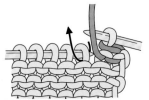

7 翻转织片，第1针编织上针。

8 第2针也编织上针。

9 用右侧的针目盖住左侧的针目（第1针伏针）。

10 下一针编织上针。

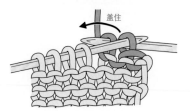  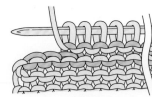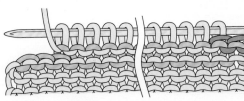

11 盖住（第2针伏针）。

12 下一针也编织后盖住，第3针伏针完成。接下来编织上针。

13 编织上针至左侧。

伏针 ⟋ ⟸（看着正面编织）

右侧第2次

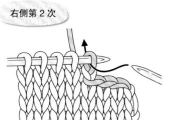

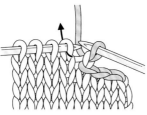

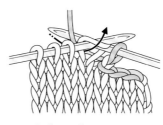

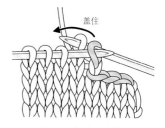

1 第1针不编织直接移至右棒针上。

2 将右棒针插入第2针中。

3 编织下针。

4 用不编织直接移至右棒针上的针目盖住（第1针伏针）。

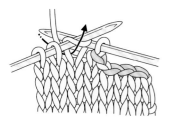

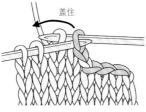

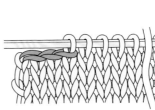

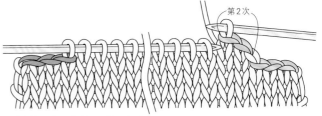

5 下一针编织下针。

6 用右侧的针目盖住左侧的针目（第2针伏针）。

7 右侧第2次的伏针（2针）完成。

伏针 ⟹ ⟋ （看着反面编织）

左侧第2次

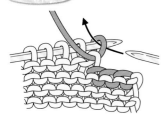

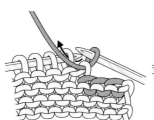

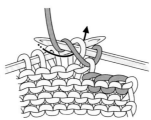

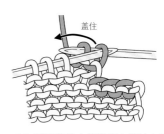

8 第1针不编织直接移至右棒针上。

9 将右棒针从后侧插入第2针中。

10 编织上针。

11 用不编织直接移至右棒针上的针目盖住（第1针伏针）。

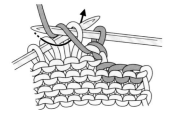

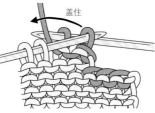

12 下一针编织上针。

13 用右侧的针目盖住左侧的针目（第2针伏针）。

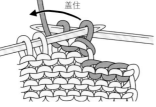

14 左侧第2次的伏针（2针）完成。

袖窿的编织起点处制作"转角"

只有左右两侧第1次的伏针边上的针目需要编织。这是为了让胁部和袖窿的交界处出现明显的转角。第2次及之后，第1针不编织直接移至右棒针上，是为了出现平滑的弧线。编织符号也有所区别。

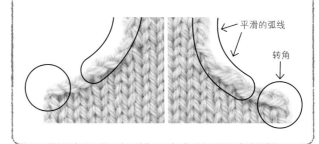

103

接在伏针之后做1针的减针 ← ⊠ ~ ⊠ ←（看着正面编织）

右侧

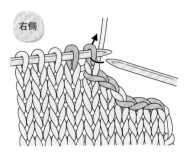

1 第1针不编织直接移至右棒针上。

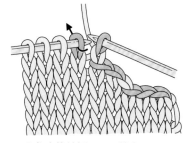

2 将右棒针插入下一针中。

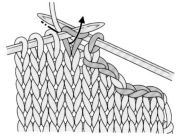

3 编织下针。

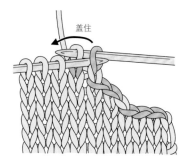

4 用不编织直接移至右棒针上的针目盖住刚刚编织的针目（右上2针并1针）。

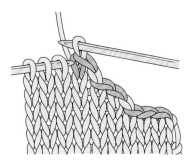

5 右侧1针的减针完成。编织至左侧剩余2针处。

左侧

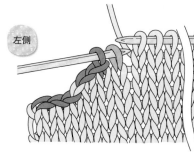

6 编织至左侧剩余2针时的样子。

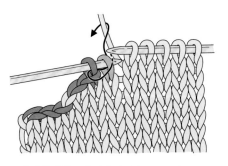

7 右棒针按照箭头的方向插入，2针一起编织下针（左上2针并1针）。

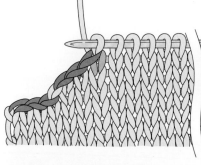

8 右侧和左侧的1针的减针完成。

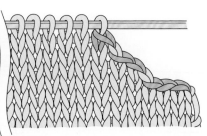

 小贴士

袖窿的减针完成后，要按照编织方法图确认一下针上挂着的针目数是否正确。

圆领的编织方法

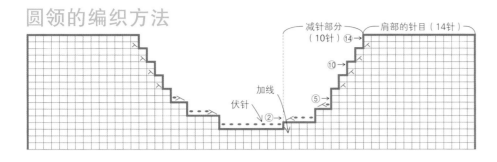

减针部分（10针）⑭ 肩部的针目（14针）

⑩

⑤

伏针 加线 ②

毛衣的领形中，最多的要数圆领了。使用编织过来的线继续编织右半部分，再加新线编织左半部分。此处，以中央部分编织伏针为例进行说明，有时也会遇到休针的情况。休针时，中央部分的针目与左侧的针目分别休针备用，之后的操作将更加方便。

编织顺序

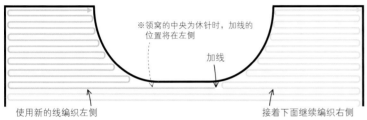

※领窝的中央为休针时，加线的位置将在左侧

加线

使用新的线编织左侧

接着下面继续编织右侧

右侧 ——下针——

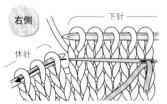

休针

1 右侧的第1行，肩部的针目和减针部分的针目编织下针，在剩余的针目中穿入另线备用。

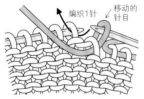

编织1针 移动的针目

2 翻转织片编织伏针。将右棒针从后侧插入第1针中，不编织将针目直接移至右棒针上，第2针编织上针。

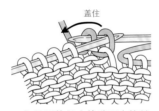

盖住

3 用不编织直接移至右棒针上的针目从上方盖住刚刚编织的针目。

4 1针伏针完成。之后重复3次"编织1针上针、盖住"。

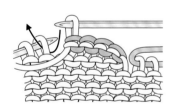

5 全部共4针伏针完成。从下一针开始到另一侧均编织上针。第3行无加、减针，编织下针。

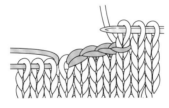

6 第3行编织完成后的样子。翻转织片，第4行参照第103页的步骤8~13，编织2针伏针。

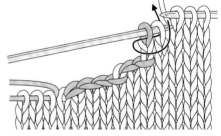

7 第5、6行不减针直接编织，在第7行的编织终点减1针。将右棒针插入2针中。

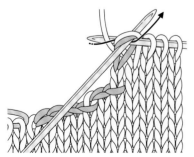

8 2针一起编织下针。

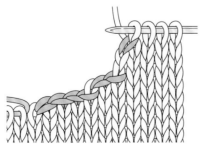

9 1针减针（左上2针并1针）完成。编织完成最后一行后，将针上挂着的所有针目移到防脱别针上休针。

关于休针

将暂时不进行操作的针目移至另线或防脱别针上备用称为"休针"，这些针目也叫"休针"。将休针移回棒针时，注意不要将针目扭转。

105

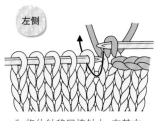

左侧

1 将休针移回棒针上,在其右侧的针目中加线后拉出。第1针编织下针。

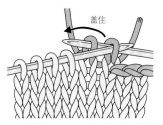

盖住

2 盖住第1针。重复"编织1针、盖住",中间的8针编织伏针。接下来的第1、2行不减针直接编织。

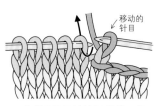

移动的针目

3 第3行开始编织伏针。第1针,棒针按照编织下针的方法入针,不编织将针目直接移至右棒针上,第2针编织下针。

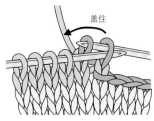

盖住

4 将第1针从上方盖住第2针。

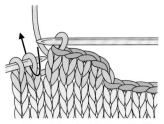

5 再重复3次"编织下针、盖住",4针伏针完成。从下一针开始到最后编织下针。

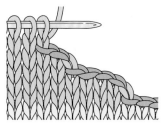

6 第4行不减针直接编织上针。第5行参照第103页步骤1~6,编织2针伏针。剩下的编织下针,第6行不减针编织上针。

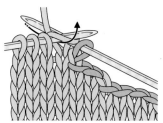

7 第7行将棒针按照编织下针的方法插入边上的1针中,不编织将针目直接移至右棒针上,下一针编织下针。

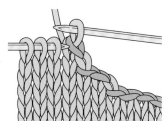

8 将第1针从上方盖住第2针。1针的减针(右上2针并1针)完成。每2行再做相同的减针3次。

要点

花样会出现在下面一行?
— 针目的结构 —

仔细地观察一下按照符号图编织出来的针目,在刚刚编织的针目的下方,可以看到呈现出来的符号图中的花样。编织时下面一行的针目会随之产生各种各样的变化,实际上编织的行和出现花样的行会错开1行。在不知道编织到了哪一行的时候,可想想花样会出现在下面一行的原理。

其他编织花样的例子

右上2针交叉 ← 编织的行
→ 出现花样的行

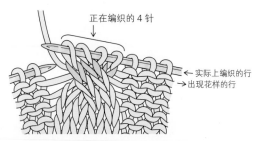

正在编织的 4 针
← 实际上编织的行
→ 出现花样的行

其他的编织针目也是相同的。例如右上2针交叉,实际上编织的是4针下针,而交叉花样会出现在其下面一行。

圆领的编织方法的例子(上述的步骤8)

正在编织的针目
← 实际上编织的行
→ 出现花样的行(下面一行)

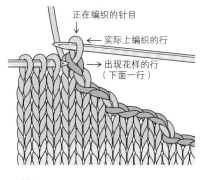

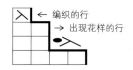

← 编织的行
→ 出现花样的行

挂在右棒针上的针目是现在正在编织的。在其下方出现了右上2针并1针的花样。下面2行的伏针也出现在了编织行的下面。

例外 挂针及放针会在编织的行呈现出针目的增加。

挂针

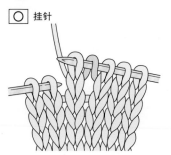

1针放3针的加针

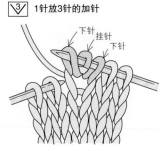

下针
挂针
下针

V 领的编织方法

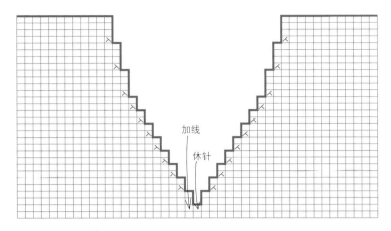

加线

休针

V领也是常用的领形。与圆领相同,先编织右半部分,再编织左半部分。此处以身片针数为奇数的情况为例进行了说明,若身片针数为偶数,则中间不休针,正好在一半的位置折返继续编织。衣领为双罗纹针时,有时也会留2针休针。

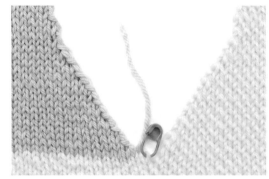

编织顺序

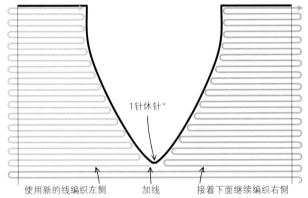

1针休针*

使用新的线编织左侧　　加线　　接着下面继续编织右侧

*中间的休针,身片的针数为偶数,则编织时不休针

右侧

1 第1行编织至中心的前一针为止,将中心的1针移至行数别针上休针。

2 在左侧的针目中穿入另线休针。

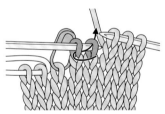

3 第2行看着反面,编织时无须减针,编织至第3行剩余2针的位置。

4 将右棒针一次插入边上的2针中,编织左上2针并1针。

5 1针减针完成。右侧按照此方法在编织终点做左上2针并1针。

左侧

1 在中心针目的下一针处加入新线编织。

2 第1、2行不减针直接编织。

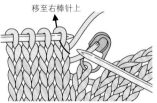

移至右棒针上

3 从第3行开始减针。边上的针目不编织直接移至右棒针上。

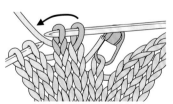

4 编织下一针,盖住。

5 1针减针(右上2针并1针)完成。左侧按照此方法在编织起点做右上2针并1针。

加针

增加挂在棒针上的针目数的编织称为"加针",可以在织片的边上或中间进行编织。
加针有多种方法,可以根据线的粗细等条件进行选择。

扭针加针

这是挑起针目与针目之间的渡线(下半弧)加针的方法。适用于不太粗的线和比较滑的线。扭的方法左右对称。

〈下针的情况〉

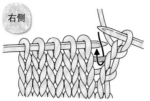

右侧

1 编织右侧的1针,将右棒针按照箭头的方向插入渡线处。

2 将右棒针挑起的线圈移至左棒针上。

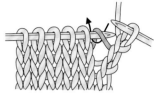

3 按照箭头的方向插入右棒针。

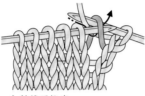

4 挂线后拉出。

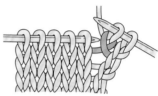

5 右侧的扭针加针完成。

左侧

6 编织至左侧剩余1针的位置,将右棒针按照箭头的方向插入渡线处。

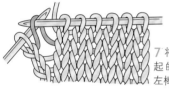

7 将右棒针挑起的线圈移至左棒针上。

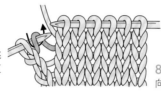

8 按照箭头的方向插入右棒针。

9 挂线后拉出。

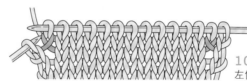

10 左、右的扭针加针完成。最后编织左侧的1针。

右加针、左加针

在加针的行有间隔的情况下使用。

〈下针的情况〉

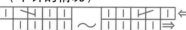

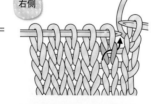

右侧

1 编织右侧的针目,按照箭头的方向在下一针的前一行的针目处插入右棒针。

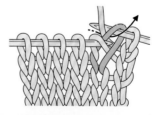

2 用右棒针挑起针目,挂线后拉出,编织下针。

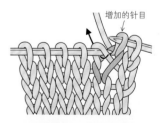

增加的针目

3 这就是加针。下一针编织下针。

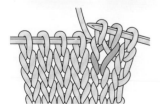

4 右加针完成。

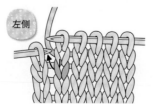

左侧

5 编织至左侧剩余1针的位置,按照箭头的方向在前2行的针目处插入右棒针。

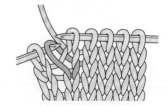

6 用右棒针挑起针目并移至左棒针上,从该针的前侧入针,编织下针。

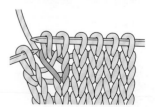

7 左加针完成。最后编织左侧的1针。

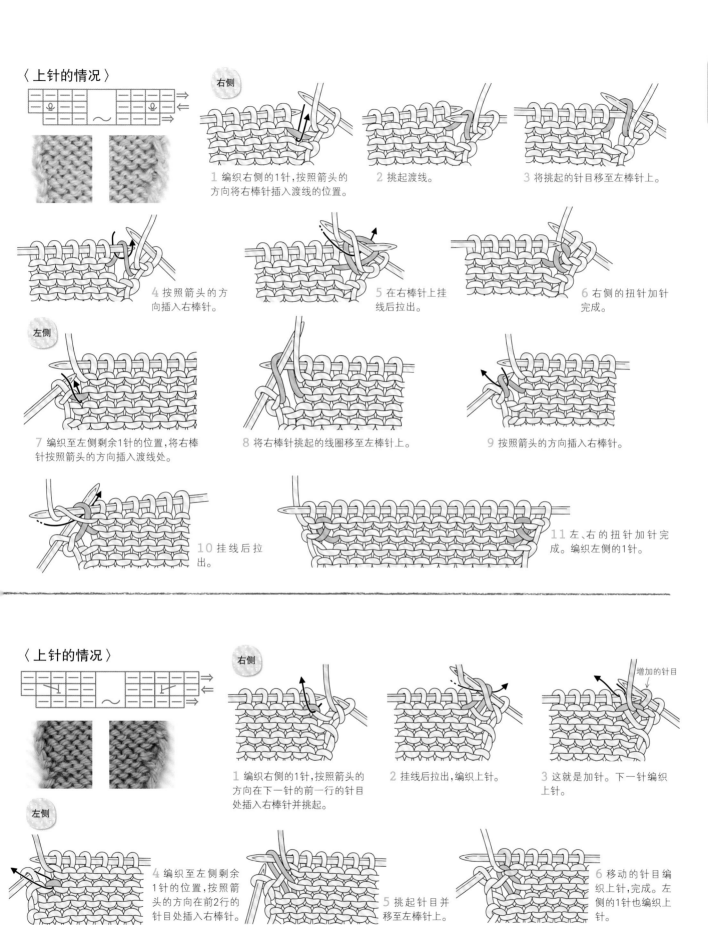

〈上针的情况〉

右侧

1 编织右侧的1针,按照箭头的方向将右棒针插入渡线的位置。

2 挑起渡线。

3 将挑起的针目移至左棒针上。

4 按照箭头的方向插入右棒针。

5 在右棒针上挂线后拉出。

6 右侧的扭针加针完成。

左侧

7 编织至左侧剩余1针的位置,将右棒针按照箭头的方向插入渡线处。

8 将右棒针挑起的线圈移至左棒针上。

9 按照箭头的方向插入右棒针。

10 挂线后拉出。

11 左、右的扭针加针完成。编织左侧的1针。

〈上针的情况〉

右侧

1 编织右侧的1针,按照箭头的方向在下一针的前一行的针目处插入右棒针并挑起。

2 挂线后拉出,编织上针。

3 这就是加针。下一针编织上针。

增加的针目

左侧

4 编织至左侧剩余1针的位置,按照箭头的方向在前2行的针目处插入右棒针。

5 挑起针目并移至左棒针上。

6 移动的针目编织上针,完成。左侧的1针也编织上针。

第四章

109

挂针和扭针的加针 这是适合粗线的方法。在加针的行编织挂针，在下一行把挂针扭一下进行编织。

〈 下针的情况 〉

挂针 （从正面编织的行）

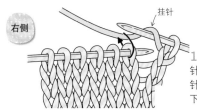

右侧

1 编织右侧的1针，然后编织挂针。下一针编织下针。

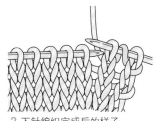

2 下针编织完成后的样子。

左侧

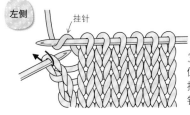

挂针

3 编织至左侧剩余1针的位置，做挂针（从后向前挂线），左侧的针目编织下针。

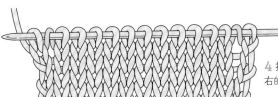

4 挂针完成。左、右的挂针是对称的。

扭针 （从反面编织的行）

右侧

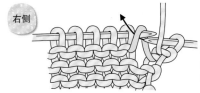

5 右侧的1针编织上针，按照箭头的方向将右棒针插入前一行的挂针中。

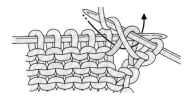

6 挂线后按照箭头的方向拉出。

7 加针完成。

左侧

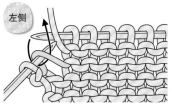

8 编织至左侧的挂针之前，按照箭头的方向将右棒针插入前一行的挂针中。

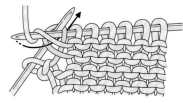

9 挂线后按照箭头的方向拉出。

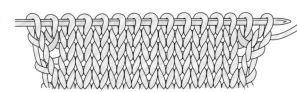

10 左、右的挂针和扭针的加针完成。

分散加针 是在织片中间的若干个位置分别加针的操作。

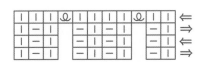

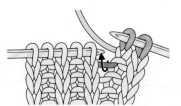

1 编织至加针的位置。用右棒针挑起针目与针目之间的渡线移至左棒针上。

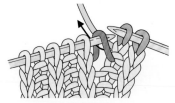

2 按照箭头的方向插入右棒针，编织下针。

3 依据指定的间隔进行加针。

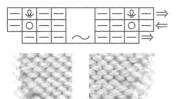

〈上针的情况〉

挂针 （从正面编织的行）

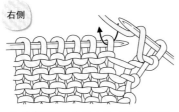

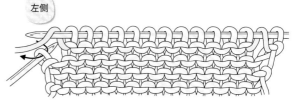

1 右侧的1针编织上针，然后编织挂针。下一针编织上针。

2 编织至左侧剩余1针的位置，做挂针（在右棒针上从后向前挂线），边上的针目编织上针。

扭针 （从反面编织的行）

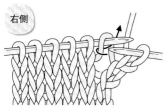

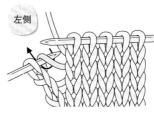

3 编织右侧的1针，按照箭头的方向将右棒针插入前一行的挂针中。

4 在右棒针上挂线，按照箭头的方向拉出。

5 编织至左侧的挂针之前，按照箭头的方向将右棒针插入前一行的挂针中。

6 在右棒针上挂线，按照箭头的方向拉出，左侧的针目编织下针。

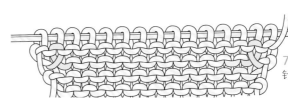

7 左、右的挂针和扭针的加针完成。

卷针加针 这是在织片的两侧将线绕到棒针上加针的方法。2针以上时，是在编织终点加针，所以左右两侧会错开1行，1针时在同一行操作。

〈2针以上的卷针加针〉

右侧

1 按照图中所示将棒针插入挂在食指上的线圈中，抽出手指。

左侧

1 按照图中所示将棒针插入挂在食指上的线圈中，抽出手指。

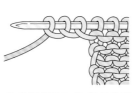

2 重复步骤1，完成3针卷针加针后的样子。

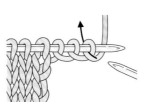

3 下一行，将右棒针按照箭头的方向插入。

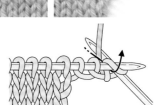

4 编织下针。从下一针开始继续编织下针（在若干行连续加针时，边上的针目做滑针）。

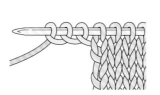

2 重复步骤1，完成3针卷针加针后的样子。

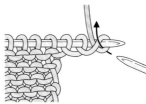

3 下一行，将右棒针按照箭头的方向插入。

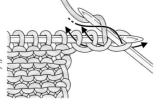

4 编织上针。从下一针开始继续编织上针（在若干行连续加针时，边上的针目做滑针）。

还有这种加针

这是在日本比较少见，但在其他国家经常使用的一种方法，1针放2针的加针。
特征是轮廓漂亮，挑针的位置一目了然。

●下针的加针

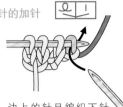   

1 边上的针目编织下针，并不从左棒针上取下。　**2** 再次按照扭针的方式入针。　**3** 挂线后拉出。　**4** 在边上的1针上放出了2针下针。

●上针的加针

  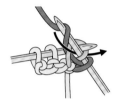 

1 边上的针目编织上针，并不从左棒针上取下。　**2** 再次按照扭针的方式入针。　**3** 挂线后拉出。　**4** 在边上的1针上放出了2针上针。

均匀地减针、加针的方法

在下摆的罗纹针交界处、开衫前门襟的挑针位置等，想要将针数均匀地进行加、减时所进行的计算叫作"平均计算"。会在各种各样的场合中出现，请一定记住。

平均计算　要点1

加、减针的间隔数

第一个要点是加、减针的间隔数。例如，在规定长度的道路上，要种3棵树的话，那么树与树之间的间隔有3种情况。
若树=加、减针的位置，那么根据想要在哪里进行加、减针的不同，间隔数也会不同。

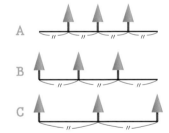

A 由道路开始至道路结束的情况　间隔数是加、减针数（3针）+1=4

B 由树开始至道路结束的情况　间隔数是加、减针数（3针）=3

C 由树开始至树结束的情况　间隔数是加、减针数（3针）-1=2

平均计算　要点2

怎样进行计算

平均计算是编织中独特的计算方法。例如，想要将8颗糖尽量均匀地分到3个盒子中的话，先在每个盒子中放2颗糖，剩余的2颗糖再在其中的2个盒子中各放1颗。于是，有3颗糖的盒子有2个，有2颗糖的盒子有1个。这用算式表示的话，就如右侧所示。根据这个算式，让我们来看一下使用方法吧。

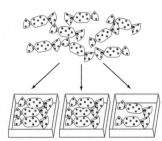

算式

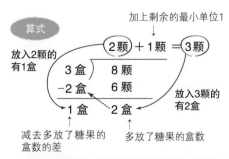

加上剩余的最小单位1

放入2颗的有1盒

(2颗) + 1颗 = (3颗)

3盒　8颗
-2盒　6颗

1盒　2盒

放入3颗的有2盒

减去多放了糖果的盒数的差　多放了糖果的盒数

糖果的颗数=加、减针的位置的针数（或行数）
盒数=间隔数

● 均匀地减针（例）　身片→下摆

后身片

—— 45（60针）起针

下摆　　（−7针）

——（53针）挑针

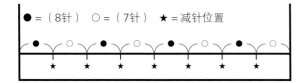

● =（8针）　○ =（7针）　★ =减针位置

要点 1　间隔数（除数）

由于在两端不减针，所以应该是由道路开始至道路结束的情况（A）。
除数是减针数（7针）+1=8。

要点 2　带到算式中

8针为4次…"编织6针，第7针和第8针做2针并1针" 做4次
7针为4次…"编织5针，第6针和第7针做2针并1针" 做3次，最后再编织7针

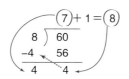

$$\begin{array}{r} \enclose{box}{7}+1=\enclose{box}{8} \\ 8\,\overline{)\,60} \\ -4\,\,56 \\ \hline 4\,\,4 \end{array}$$

● 均匀地加针（例）　下摆 →身片

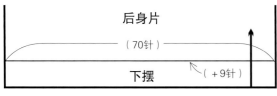

后身片

——（70针）

下摆　　（ +9针）

—— 45（61针）起针

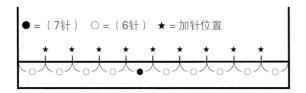

● =（7针）　○ =（6针）　★ =加针位置

要点 1　间隔数（除数）

由于在两端不加针，所以应该是由道路开始至道路结束的情况（A）。
除数是加针数（9针）+1=10。

要点 2　带到算式中

7针为1次…"编织7针，加1针" 做1次
6针为9次…"编织6针，加1针" 做8次，最后再编织6针

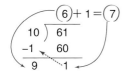

$$\begin{array}{r} \enclose{box}{6}+1=\enclose{box}{7} \\ 10\,\overline{)\,61} \\ -1\,\,60 \\ \hline 9\,\,1 \end{array}$$

● 均匀地挑针（例）　身片→前门襟

挑针时，将"不挑针而跳过的位置"当作加、减
针的位置来考虑，从而进行计算。

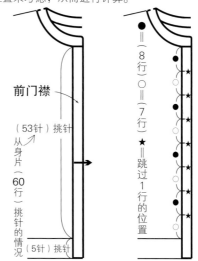

前门襟

（53针）挑针
从身片（60行）挑针的情况

（5针）挑针

● =（8行）　○ =（7行）
★ =跳过1行的位置

要点 1　间隔数（除数）

由于要从两端的针目上挑针，所以应该是由道路开始至道路结束的情况（A）。
除数是跳过的行数（60 − 53针）+1=8。

要点 2　带到算式中

8行为4次…"前7行每行挑1针，跳过第8行" 做4次
7行为4次…"前6行每行挑1针，跳过第7行" 做3次，最后的7行每行挑1针

$$\begin{array}{r} \enclose{box}{7}+1=\enclose{box}{8} \\ 8\,\overline{)\,60} \\ -4\,\,56 \\ \hline 4\,\,4 \end{array}$$

引返编织

引返编织,是在编织横向的斜线或弧线(斜肩、下摆等的弧线)时所使用的方法,留出针目的同时做引返编织的叫作"留针的引返编织",增加针目的同时做引返编织的叫作"加针的引返编织"。

（正面）

留针的引返编织

这是在斜肩等处使用的方法。每2行留出针目进行引返编织。引返编织了所需的次数后,进行消行以消除行差。

（反面）

※ 为了更加明显,改变了消行的线的颜色

〈下针的情况〉

右侧

→ 消行
→ 第6行
→ 第5行 (5针)
← 第4行
→ 第3行 (5针)
← 第2行
→ 第1行 (5针)
←

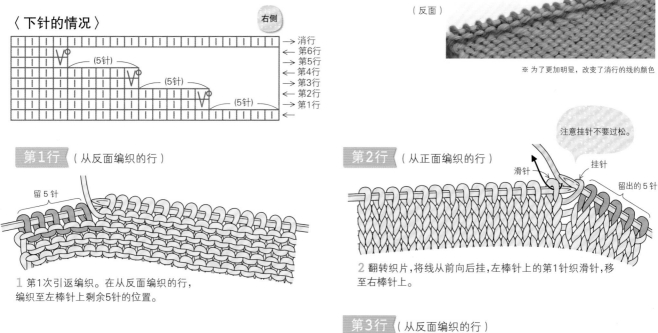

第1行（从反面编织的行）

留5针

1 第1次引返编织。在从反面编织的行,编织至左棒针上剩余5针的位置。

注意挂针不要过松。

第2行（从正面编织的行）

滑针 挂针 留出的5针

2 翻转织片,将线从前向后挂,左棒针上的第1针织滑针,移至右棒针上。

3 下一针编织下针。

4 其余的针目也编织下针。

第3行（从反面编织的行）

挂针不计数。 留5针

5 第2次引返编织。编织至左棒针上剩余5针的位置。

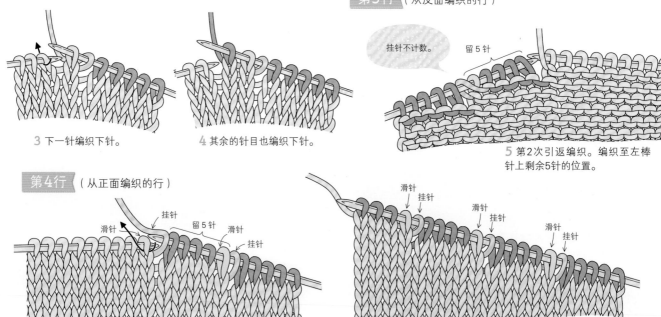

第4行（从正面编织的行）

滑针 挂针 留5针 滑针 挂针

6 翻转织片,使用与步骤**2**相同的方法织挂针、滑针,其余的针目编织下针。重复步骤**5**、**6**。

滑针 挂针 滑针 挂针 滑针 挂针

7 第6行(第3次引返编织)完成后的样子。

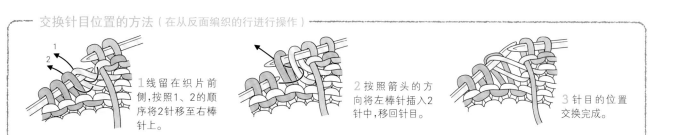

交换针目位置的方法（在从反面编织的行进行操作）

1 线留在织片前侧，按照1、2的顺序将2针移至右棒针上。

2 按照箭头的方向将左棒针插入2针中，移回针目。

3 针目的位置交换完成。

消行（从反面编织的行）

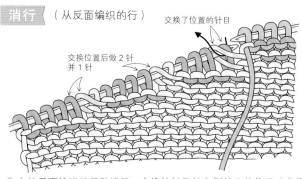

交换了位置的针目

交换位置后做2针并1针

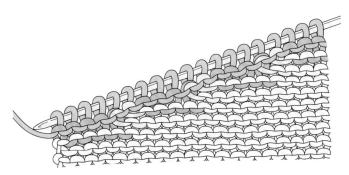

8 在从反面编织的行做消行。交换挂针及其左侧针目的位置（参照上图"交换针目位置的方法"），2针一起编织上针。

9 右侧的引返编织完成。挂针在反面，从正面看不见。

左侧

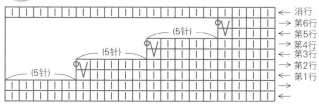

← 消行
→ 第6行
← 第5行
→ 第4行
← 第3行
→ 第2行
← 第1行

（5针）
（5针）
（5针）

（正面）

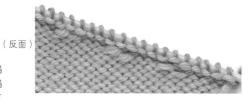
（反面）

第1行（从正面编织的行）

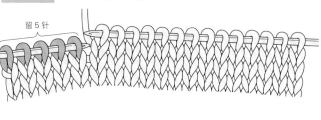

留5针

1 第1次引返编织。在从正面编织的行，编织至左棒针上剩余5针的位置。

第2行（从反面编织的行）

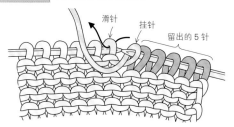

滑针　挂针　留出的5针

2 翻转织片，如图所示挂线，左棒针上的第1针织滑针，移至右棒针上。

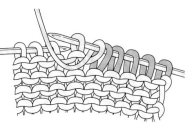

3 滑针完成。下一针编织上针。

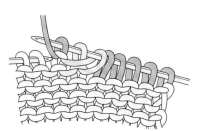

4 其余的针目也编织上针。

第3行（从正面编织的行）

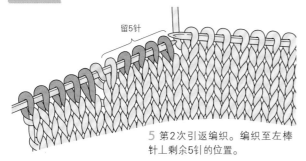

留5针

5 第2次引返编织。编织至左棒针上剩余5针的位置。

斜肩的左侧多1行

比较一下符号图，就可以很清楚地知道，左侧的引返编织比右侧的晚1行开始。所以，左侧会多出1行消行的部分。这是由于只能在行的编织终点留针而导致的。将前、后身片的肩部接合后，左右两侧的行数差相互抵消，就会变为相同的行数。

第4行（从反面编织的行）

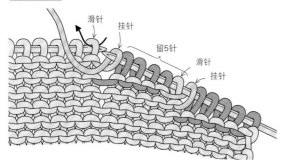

滑针　挂针　留5针　滑针　挂针

6 翻转织片，使用与步骤2相同的方法织挂针、滑针，其余的针目编织上针。重复步骤5、6。

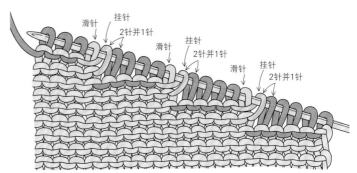

滑针　挂针　2针并1针　挂针　2针并1针　滑针　挂针　2针并1针

7 第6行（第3次引返编织）编织完成后的样子。

消行（从正面编织的行）

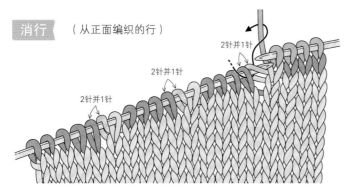

2针并1针　2针并1针　2针并1针

8 在从正面编织的行做消行。不用交换针目的位置，按照箭头的方向将右棒针插入挂针及其左侧的针目中，2针一起编织下针。

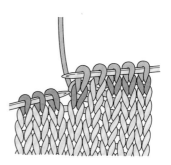

9 编织完成后的样子。

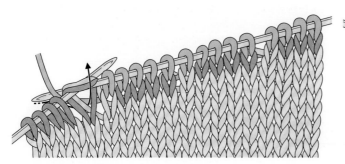

10 3次的编织方法相同。挂针从正面看不见。

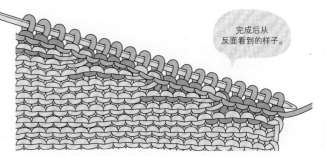

完成后从反面看到的样子。

11 可以看到，挂针出现在反面。

要点

用行数别针代替挂针的情况

如果引返编织的挂针无论如何都会变松的话，推荐使用这种方法。
在织挂针的位置别上行数别针，不织挂针直接织滑针。

右侧

第2行（从正面编织的行）

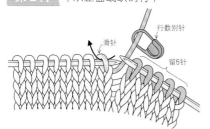

消行（从反面编织的行）

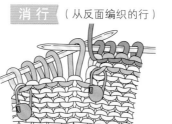

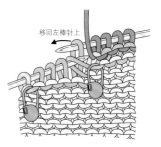

1 如图所示别上行数别针来代替挂针，织滑针。第2次、第3次的挂针也使用同样的方法。

2 消行时，到行数别针的位置为止编织上针，下一针不编织直接移至右棒针上。

3 将左棒针从别有行数别针的针目的下侧插入并挑起，将移至右棒针上的针目移回。

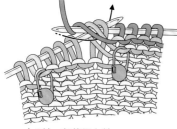

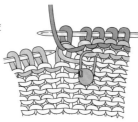

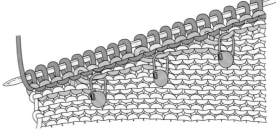

4 2针一起编织上针。

5 其余的2次也使用同样的方法编织。

6 使用行数别针的引返编织完成。拆下行数别针。

左侧

第2行（从反面编织的行）

消行（从正面编织的行）

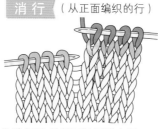

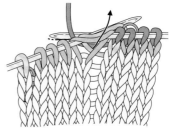

1 别上行数别针来代替挂针，织滑针。第2次、第3次的挂针也使用同样的方法。

2 消行时，编织下针到别有行数别针的位置。

3 将左棒针从别有行数别针的针目的上侧插入并挑起，将右棒针插入该针及其左侧的针目中，一起编织下针。

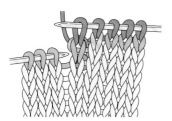

4 其余的2次也使用同样的方法编织。

完成后从反面看到的样子。

5 使用行数别针的引返编织完成。拆下行数别针。

117

〈上针的情况〉

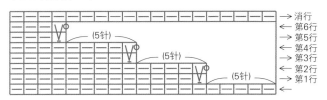

→ 消行
← 第6行
→ 第5行
← 第4行
→ 第3行
← 第2行
→ 第1行

右侧

（正面）

（反面）

※ 为了更加明显，改变了消行的线的颜色

第1行（从反面编织的行）

留5针

1 第1次引返编织。在从反面编织的行，编织至左棒针上剩余5针的位置。

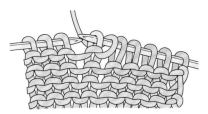

3 移至右棒针上。

第2行（从正面编织的行）

（反面）

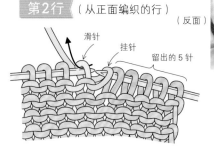

滑针　挂针　留出的 5针

2 翻转织片，织挂针，左棒针上的第1针织滑针。

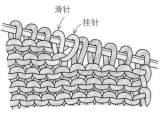

滑针
挂针

4 从下一针开始编织上针。

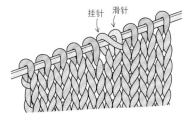

挂针　滑针

5 从反面看到的挂针和滑针的样子。

消行（从反面编织的行）

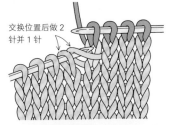

交换位置后做2针并1针

6 在从反面编织的行做消行。编织至滑针的位置。

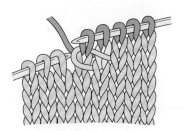

8 2针并1针编织完成。到第3次为止，均使用此方法编织。

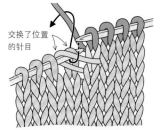

交换了位置的针目

7 交换挂针及其左侧针目的位置（参照右图"交换针目位置的方法"），编织下针的2针并1针。

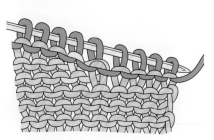

9 右侧的引返编织完成。

交换针目位置的方法
（在从反面编织的行进行操作）

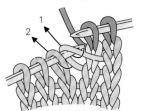

1
2

1 按照1、2的顺序将这2针移至右棒针上。

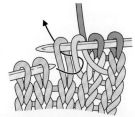

2 按照箭头的方向将左棒针插入移至右棒针上的2针中，将其移回。

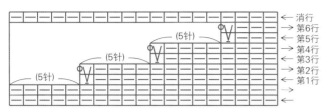

（正面）

（反面）

第1行（从正面编织的行）

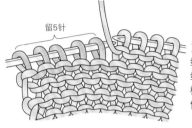

留5针

1 第1次引返编织。在从正面编织的行,编织至左棒针上剩余5针的位置。

第2行（从反面编织的行）

滑针　挂针

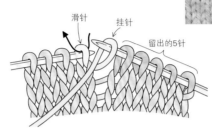

留出的5针

2 翻转织片,如图所示挂线,左棒针上的第1针织滑针。

3 移至右棒针上。

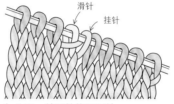

滑针
挂针

4 从下一针开始编织下针。

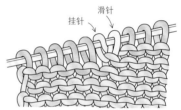

挂针　滑针

5 从正面看到的挂针和滑针的样子。

消行（从正面编织的行）

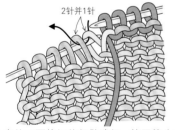

2针并1针

6 在从正面编织的行做消行。按照箭头的方向将右棒针插入挂针及其左侧的针目中。

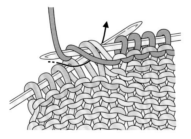

7 挂线后2针一起编织上针。

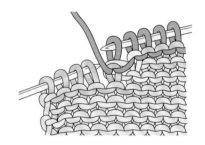

8 2针并1针编织完成后的样子。3次的编织方法相同。

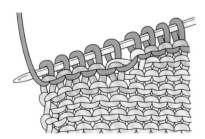

9 左侧的引返编织完成。

- 引返编织的要点 -

做引返编织时,之所以要编织挂针和滑针,是为了缓和行差编织出平缓的线条。并且,为了减掉由挂针而加出的针目以及调整好行端的针目,就需要做消行。在从反面编织的行做消行时,要交换针目的位置,那是为了从正面看不到挂针的一个小技巧。

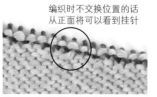

编织时不交换位置的话从正面将可以看到挂针

从正面看到的样子（右侧）

加针的引返编织

下摆编织成弧线或斜线等时所使用的方法。还可以应用在编织袜子的脚跟部位。先编织出最终需要的针数,再通过引返编织将针数逐渐增加上去。

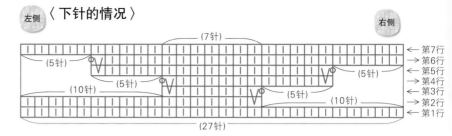

左侧　〈 下针的情况 〉　　右侧

(7针)
(5针)
(5针)
(5针)
(10针)
(5针)
(5针)
(5针)
(10针)

←第7行
→第6行
←第5行
→第4行
←第3行
→第2行
←第1行

(27针)

编织顺序

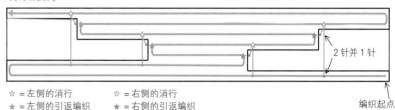

2针并1针

☆ =左侧的消行　　☆ =右侧的消行
★ =左侧的引返编织　★ =右侧的引返编织

编织起点

第1行（从正面编织的行）

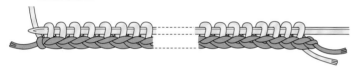

1 从另线锁针的里山上挑取所需的针数（符号图中为27针）。

第2行（从反面编织的行）　2 翻转织片,编织上针至左棒针上剩余10针（2次引返编织的量）的位置。

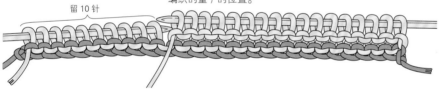

留10针

还有用行数别针代替挂针的方法。具体方法请参照第117页。

第3行（从正面编织的行）

行数别针的别法

留10针　编织6针　滑针　挂针

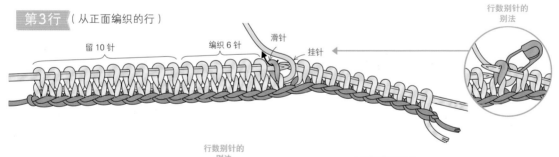

3 翻转织片,右侧的第1次引返编织。织挂针,左棒针上的第1针织滑针,移至右棒针上。编织下针至左棒针上剩余10针的位置。

第4行（从反面编织的行）

行数别针的别法

滑针　挂针

右侧的第1次消行。交换针目的位置后做2针并1针。

6针　滑针　挂针

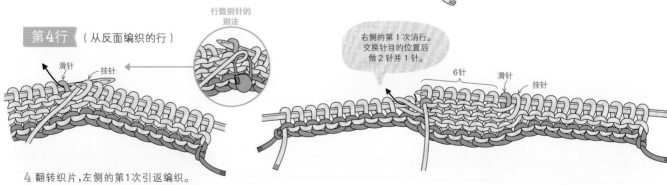

4 翻转织片,左侧的第1次引返编织。参照图示挂线,左棒针上的第1针织滑针,移至右棒针上。接着编织6针上针。

5 交换挂针及其左侧针目的位置（参照第121页"交换针目位置的方法"）,编织上针的2针并1针。继续编织上针至左棒针上剩余5针的位置。

左侧的第1次消行。
无须交换针目位置。

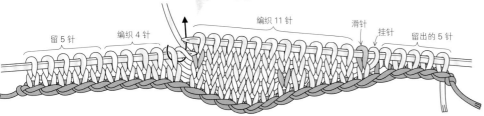

留5针　编织4针　编织11针　滑针　挂针　留出的5针

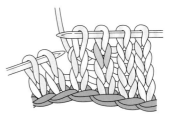

6 翻转织片,编织挂针、滑针,接着编织11针下针。消行时,将右棒针按照箭头的方向插入挂针及其左侧的针目中,做下针的2针并1针。

7 编织完成后的样子。编织下针至左棒针上剩余5针的位置。

滑针　挂针

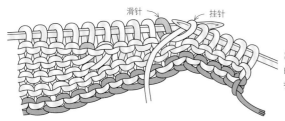

8 翻转织片,左侧的第2次引返编织。参照图示织挂针。

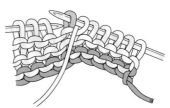

9 左棒针上的第1针织滑针,移至右棒针上。从下一针开始继续编织上针。在消行的位置交换针目的位置后,做上针的2针并1针,继续编织上针至边上。

交换针目位置的方法
（在从反面编织的行进行操作）

2　1

1 线留在织片前,按照1、2的顺序将2针移至右棒针上。

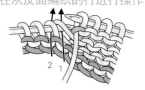

2 按照箭头的方向将左棒针插入2针中,移回针目。

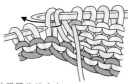

3 针目的位置交换完成。

完成后从反面看到的样子。

10 左侧的第2次消行使用与第1次相同的方法,继续编织下针至边上（挂针出现在反面,从正面看不见）。

（正面）

（反面）

〈 上针的情况 〉

左侧　　　　　　　　　　　　　　　　　　　　　右侧

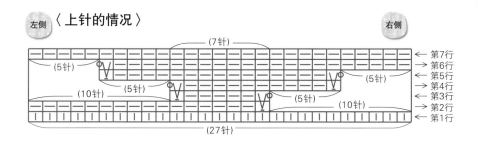

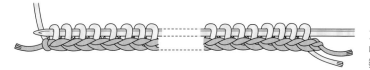 **第1行** （从正面编织的行）

1 从另线锁针的里山上挑取所需的针数（符号图中为27针）。

第2行 （从反面编织的行）

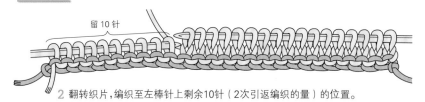

留10针

2 翻转织片，编织至左棒针上剩余10针（2次引返编织的量）的位置。

♥ **小贴士**

在加针的引返编织中，通过将引返行的挂针和第1行（左侧是第2行）的针目做2针并1针，从而编织出弧线或斜线。因此，是在一个方向做引返编织，在另一个方向做消行的编织，两件事是同时进行的。从反面的行消行时，不要忘记将挂针及其左侧的针目交换位置。

第3行 （从正面编织的行）

行数别针的别法

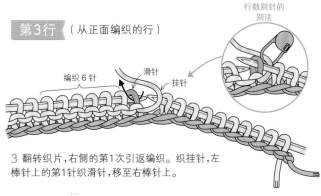

编织6针　　滑针　　挂针

3 翻转织片，右侧的第1次引返编织。织挂针，左棒针上的第1针织滑针，移至右棒针上。

还有用行数别针代替挂针的方法。具体方法请参照第117页。

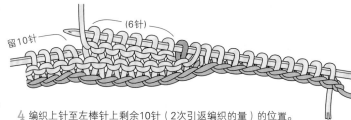

留10针　　（6针）

4 编织上针至左棒针上剩余10针（2次引返编织的量）的位置。

第4行 （从反面编织的行）

行数别针的别法

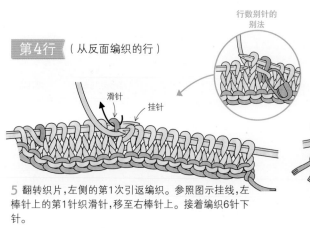

滑针　　挂针

5 翻转织片，左侧的第1次引返编织。参照图示挂线，左棒针上的第1针织滑针，移至右棒针上。接着编织6针下针。

右侧的第一次消行。交换针目的位置后做2针并1针。

留5针　　编织4针　　6针

6 交换挂针及其左侧针目的位置（参照第123页"交换针目位置的方法"），编织下针的2针并1针。继续编织下针至左棒针上剩余5针的位置。

第5行 （从正面编织的行）

7 翻转织片,编织挂针、滑针（右侧的第2次）,接着编织11针上针。消行时,将右棒针按照箭头的方向插入挂针及其左侧的针目中,做上针的2针并1针。

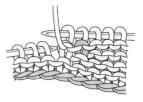

8 编织完成后的样子。编织上针至左棒针上剩余5针的位置。

第6行 （从反面编织的行）

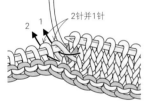

9 翻转织片,编织挂针、滑针（左侧的第2次）,接着编织16针下针。消行时,交换针目的位置后,编织下针的2针并1针。继续编织下针至边上。

交换针目位置的方法
（在从反面编织的行进行操作）

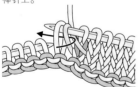

1 按照1、2的顺序将2针移至右棒针上。

2 按照箭头的方向将左棒针插入2针中,移回针目。

3 针目的位置交换完成。

第7行

完成后从正面看到的样子。

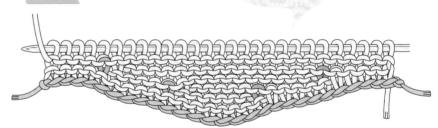

10 左侧的第2次消行使用与第1次相同的方法,继续编织上针至边上（挂针出现在反面,从正面看不见）。

（正面）

（反面）

123

各种收针方法

为了不让从棒针上拿下来的针目散掉,要做的就是"收针"。这里将向大家介绍罗纹针使用毛线缝针收针的方法。基本的"伏针收针"的方法参见第28页。

罗纹针的收针

依照罗纹针的结构进行收针,不但具有伸缩性,整体的效果也更加漂亮。将毛线缝针依次穿入下针与下针之间、上针与上针之间。收针线的长度为织片宽度的2.5~3倍,但过长的话将不便于操作,一般准备40cm左右,中间再加线即可。注意不要将线拉得过紧。

单罗纹针收针
〈往返编织的收针方法〉

● 右端2针下针、左端1针下针的情况

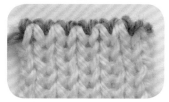

编织起点端

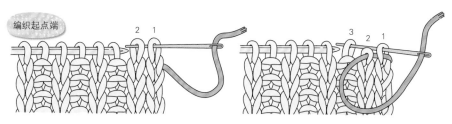

1 将毛线缝针由针目1的前侧入针,从针目2的前侧出针。

2 从针目1的前侧入针,从针目3的后侧出针。

毛线缝针从1个针目中穿2次

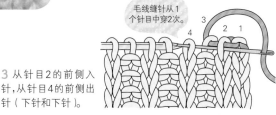

注意入针的方向!

3 从针目2的前侧入针,从针目4的前侧出针(下针和下针)。

4 从针目3的后侧入针,从针目5的后侧出针(上针和上针)。

编织终点端

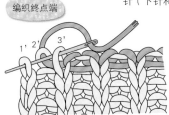

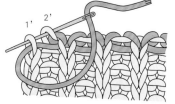

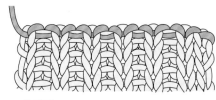

5 到左侧为止重复步骤3、4。

6 最后从针目2'的后侧入针,从针目1'的前侧出针。

7 完成。

● 两端均为2针下针的情况

编织起点端与上面的步骤1~4相同。

编织终点端

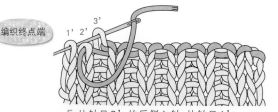

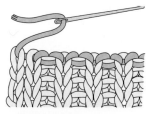

5 从针目3'的后侧入针,从针目1'的前侧出针。

6 将线拉出后的样子。

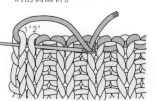

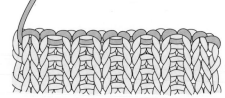

7 从针目2'的前侧入针,从针目1'的前侧出针(下针和下针)。

8 完成。

💙 小贴士

单罗纹针收针的要点
①在1个针目中一定要穿2次针。
②在入针和出针时,注意不要弄错了针目的朝向。

● 两端均为1针下针的情况

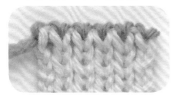

编织终点端与第124页上面的步骤5~
7相同。

〈环形编织的收针方法〉

两端的下针的针数
因作品的设计而不
同。此时，只需将
这里介绍的情况组
合一下进行收针即
可。

编织起点端

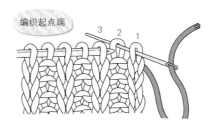

1 将毛线缝针穿入边上的2
针中。

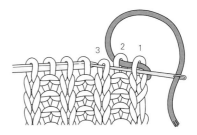

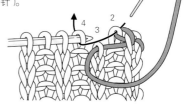

2 从针目1的前侧入针，从针目3的前侧
出针（下针和下针）。

3 从针目2的后侧入针，从针
目4的后侧出针（上针和上
针）。

编织起点端

1 将毛线缝针由针目1（最初的下针）的
后侧入针，从针目2的后侧出针。

2 从针目1的前侧入针，从针目3的前侧出
针。

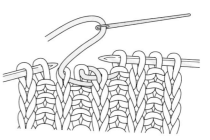

3 将线拉出后的样子。

4 从针目2的后侧入针，从针目4的后侧出
针（上针和上针）。

5 从针目3的前侧入针，从针目5的前侧出
针（下针和下针）。重复步骤4、5。

编织终点端

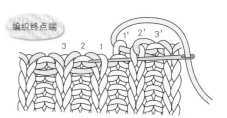

6 从针目2'的前侧入针，从针目1（最初
的下针）的前侧出针（下针和下针）。

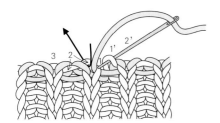

7 从针目1'（上针）的后侧入针，从针目
2（最初的上针）的后侧出针。

8 将毛线缝针插入针目1'和针目2后
的样子。针目1和针目2共穿入3次。

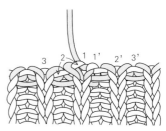

9 将线拉出，完成。

双罗纹针收针
〈往返编织的收针方法〉

● 两端均为2针下针的情况

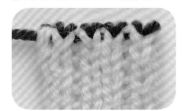

编织起点端

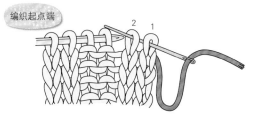

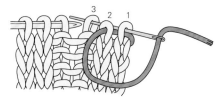

1 将毛线缝针由针目1的前侧入针,从针目2的前侧出针。

2 从针目1的前侧入针,从针目3的后侧出针。

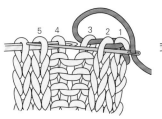

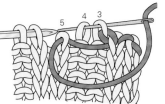

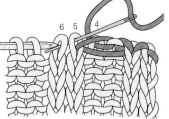

3 从针目2的前侧入针,从针目5的前侧出针(下针和下针)。

4 从针目3的后侧入针,从针目4的后侧出针(上针和上针)。

5 从针目5的前侧入针,从针目6的前侧出针(下针和下针)。

6 从针目4的后侧入针,从针目7的后侧出针(上针和上针)。重复步骤3~6。

编织终点端

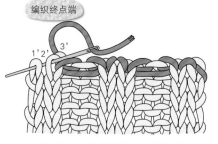

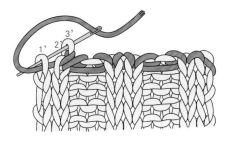

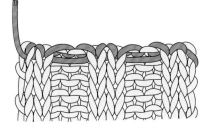

7 从针目2'的前侧入针,从针目1'的前侧出针。

8 从针目3'的后侧入针,从针目1'的前侧出针。

9 完成。

● 右端3针下针、左端2针下针的情况

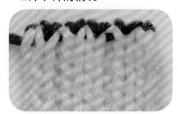

编织终点端与上面的步骤7~9相同。

编织起点端

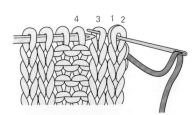

1 将针目1折回,重叠在针目2的反面。

2 将毛线缝针由重叠在一起的2针的前侧入针,从针目3的前侧出针。

3 从重叠在一起的2针的前侧入针,从针目4的后侧出针。之后,与上面的步骤3~6相同。

● 右端2针下针、左端
　3针下针的情况

编织起点端与第126页的步骤1~6相同。

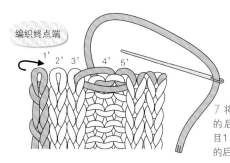

7 将线从针目4'的后侧拉出,将针目1'折回至针目2'的后侧重叠在一起。

8 将毛线缝针由针目3'的前侧入针,从重叠在一起的2针的前侧出针。

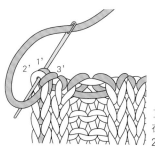

9 从针目4'的后侧入针,从重叠在一起的2针的前侧出针。

10 再一次在重叠在一起的针目1'、2'的后侧入针。

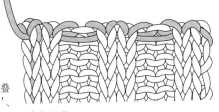

11 完成。

〈 环形编织的收针方法 〉

编织起点端

1 将毛线缝针由针目1(最初的下针)的后侧入针。

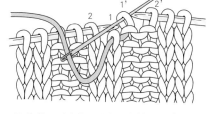

2 从针目1'(编织终点的上针)的前侧入针。

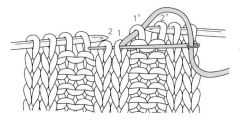

3 从针目1的前侧入针,从针目2的前侧出针(下针和下针)。

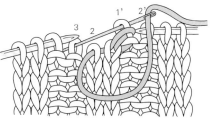

4 从针目1'的后侧入针,从针目3的后侧出针(上针和上针)。

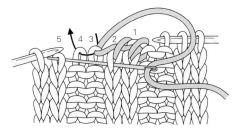

5 从针目2的前侧入针,从针目5的前侧出针(下针和下针)。之后,重复第126页上面的步骤3~6。

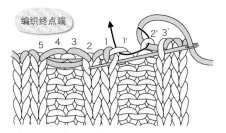

编织终点端

6 从针目3'的前侧入针,从针目1(最初的下针)的前侧出针。从针目2'的后侧入针,从针目1'的后侧出针(上针和上针)。

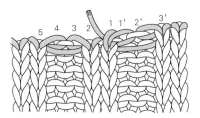

7 将线拉出,完成。

♡ 小贴士

双罗纹针收针的要点
①在1个针目中一定要穿2次针。
②将毛线缝针依次穿入下针与下针之间、上针与上针之间,有时是相邻的针目,有时是中间相隔其他针目,请注意区分。只要熟悉了规律,就可以顺畅地完成收针了。

怎么办？

罗纹针收针的加线方法

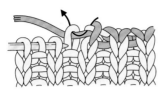

1 将毛线缝针穿入上针与上针之间，将线拉出至后侧的位置。

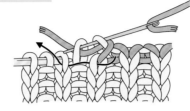

2 使用新的线，穿入与步骤1相同的针目中（重复穿线），接下来再穿入下针和下针中。

3 将毛线缝针交替地穿入下针和下针、上针和上针中收针。

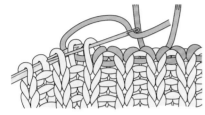

4 继续做罗纹针的收针。

藏线头

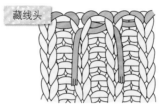

5 这是织片的反面。

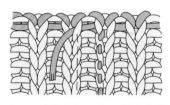

6 用毛线缝针劈开纵向的半针，将线头分别藏起来。

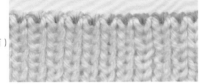

（正面）

（反面）

注意不要将缝线露出在正面！

卷针收针

具有伸缩性，做完后边儿很薄。收针的线约为织片宽度的2.5倍。

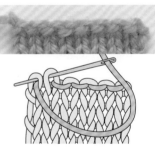

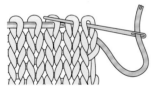

1 参照图示将毛线缝针穿入边上的2针中，拉线。

2 将针穿入右侧的针目和隔1针的针目中，拉线。

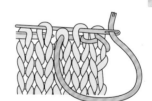

3 重复"从前1针的前侧入针，再从隔1针的针目的后侧入针"。

4 每一个针目中都将穿过2次毛线缝针。

收紧收针

帽顶、手套的指尖等，使用筒状织片的收针方法。

〈针目较少的情况〉
将线一次穿入所有的针目中，收紧。

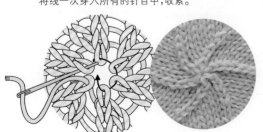

小贴士

要将毛线缝针按照同一方向穿入针目中。

〈针目较多的情况〉
每隔1针穿线，分2次穿好后，收紧。

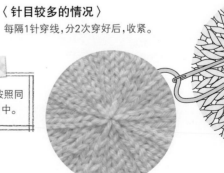

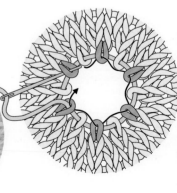

针目与针目的连接方法

这里介绍的是将针目与针目连接在一起的方法,分为使用毛线缝针、钩针、棒针的方法。
使用毛线缝针时,需准备约为织片宽度2.5~3倍的线。

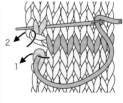

使用毛线缝针的方法

由于是使用缝合线缝出针目,拉线的时候注意将缝出的针目与织片针目保持大小一致。1个针目中要穿入2次针。

下针编织无缝缝合

● 两侧均留有针目的情况

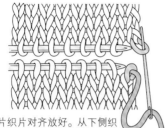

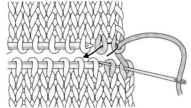

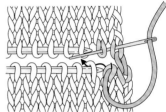

1 将2片织片对齐放好。从下侧织片边上针目及上侧织片边上针目的后侧穿入毛线缝针。

2 按照箭头的方向,将毛线缝针从下侧织片的2针、上侧织片的2针中穿过。

3 按照箭头的方向,将毛线缝针从下侧织片的2针中穿过。

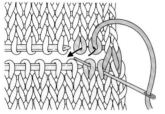

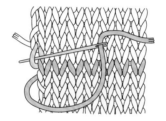

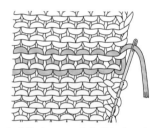

4 按照箭头的方向,将毛线缝针从上侧织片的2针中穿过。重复步骤2~4。

5 最后从上侧织片针目的前侧入针。织片的边上会错开半针。

6 藏线头。用毛线缝针将线头穿入边上针目的线中。

● 一侧是伏针的情况

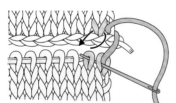

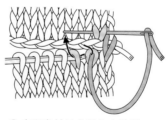

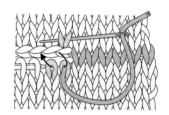

1 从留有针目的织片边上针目的后侧穿入毛线缝针,挑取伏针收针织片边上的半针。如图所示,将毛线缝针从留有针目的织片的2针和伏针收针织片的2根线中穿过。

2 在留有针目的织片上使用同样的方法穿针。

3 重复 "留有针目的织片从正面入针、从正面出针,再穿过伏针收针织片的倒八字形的2根线"。

● 两侧均为伏针的情况

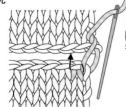

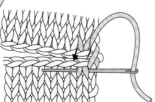

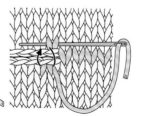

1 按照没有线头的下侧织片的边上针目、上侧织片的边上针目的顺序,从反面穿入毛线缝针。

2 先将针穿入下侧织片的2根线中,再按照箭头的方向穿入上侧织片的2根线中。

3 重复 "穿过下侧织片的八字形的2根线,再穿过上侧织片的倒八字形的2根线"。

4 最后按照箭头的方向,将针穿入下侧织片的针目和伏针收针织片的半针外侧,结束。

● 将针数不同的织片缝合在一起的情况

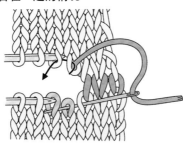

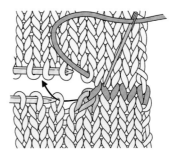

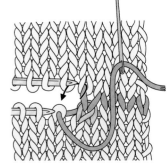

1 把针数多的织片的2针重叠在一起，再穿入毛线缝针。

2 从重叠在一起的2针中入针，在其左侧的针目中出针。

3 在上侧织片的2针中穿过。

● 将下针织片与上针织片缝合在一起的情况

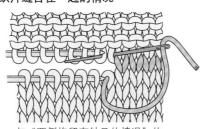

与"两侧均留有针目的情况"的操作相同。

● 将下针织片与单罗纹针织片缝合在一起的情况

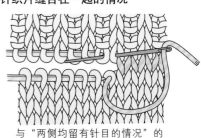

与"两侧均留有针目的情况"的操作相同。

上针编织无缝缝合

● 两侧均留有针目的情况

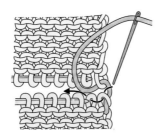

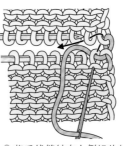

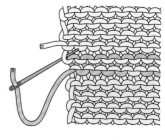

1 将毛线缝针按照有线头的下侧织片边上针目、上侧织片边上针目的顺序，从正面穿入。接下来按照箭头的方向在下侧织片的针目中穿过。

2 将毛线缝针在上侧织片的2针中，从反面入针，从反面出针。

3 在最后的针目中穿2次针。织片的边上会错开半针。

● 一侧是伏针收针的情况

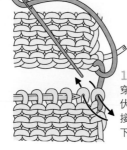

1 将毛线缝针依次从正面穿过下侧织片边上针目、伏针收织片边上针目。接下来按照箭头的方向从下侧织片的2针中穿过。

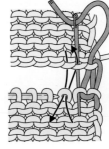

2 从上侧织片边上针目的反面入针、拉线，再穿过其左侧的针目和下侧织片的针目。按照箭头的方向进行重复的操作。

起伏针无缝缝合

● 一侧为下针、一侧为上针的情况

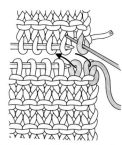

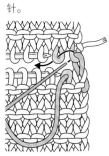

2 从上侧织片的反面入针、反面出针。

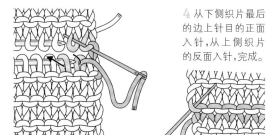

4 从下侧织片最后的边上针目的正面入针,从上侧织片的反面入针,完成。

1 将毛线缝针由下侧织片边上针目的反面、上侧织片边上针目的正面入针。接下来从下侧织片的针目正面入针、正面出针。

3 按照步骤1、2中箭头的方向进行重复的操作。

对齐针目与行的缝合

这是将一侧的针目与另一侧的行缝合在一起的方法。可以用来上衣袖、衣领等,有各种各样的用途。将缝合线拉紧至看不见为止。 ※照片中为了便于大家看清楚,没有将线拉紧

● 下针编织的情况

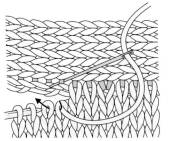

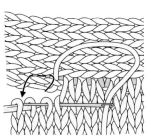

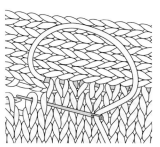

1 行的一侧挑取1行,下侧织片将毛线缝针插入2针中。

2 行数较多时,可以在若干位置挑取2行以调整。

3 将毛线缝针交替穿入针目与行中。拉紧缝合线,使其看不见。

● 上针编织的情况

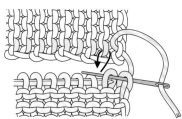

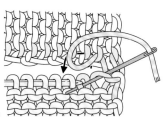

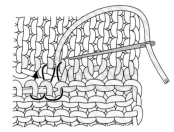

1 针目的一侧与第130页"上针编织无缝缝合"的方法相同,从反面入针、反面出针。行的一侧挑取1行的1针内侧的横线。

2 针目一侧从反面入针、反面出针。行数较多时,可以在若干位置挑取2行以调整。

3 将毛线缝针交替挑取针目与行缝合在一起。拉紧缝合线,使其看不见。

● 与伏针缝合的情况

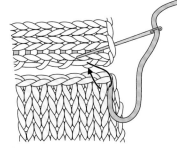

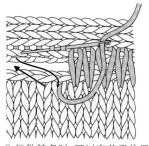

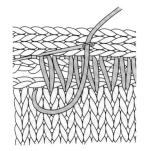

1 将伏针收织片放在下侧,参照图示将毛线缝针穿入上侧织片的起针处和下侧织片的针目中。上侧挑取渡线。

2 行数较多时,可以在若干位置挑取2行以调整。

3 将毛线缝针交替穿入针目与行中。拉紧缝合线,使其看不见。

● 将编织终点与编织起点缝合在一起的情况　将单罗纹针缝合在一起后，几乎找不到缝合的位置，非常漂亮。
由于是带另线锁针缝合的，可以将线拉得紧一些。

拆掉另线锁针后的样子。

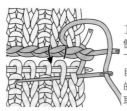

1 将毛线缝针从后侧穿入带有线头的下侧织片的边上针目中，挑取上侧织片的边上针目，随后挑取下侧织片的针目。

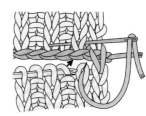

2 将毛线缝针从后侧穿入上侧织片的下针中。按照箭头的方向，将毛线缝针穿入下侧织片的下针和上针中。

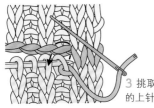

3 挑取上侧织片的上针。

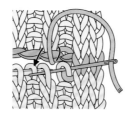

4 从下侧织片的上针和下针的反面入针、正面出针。重复步骤2～4。

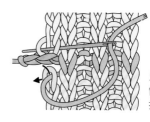

5 边上的针目按照箭头的方向入针。拆掉另线锁针。

卷针缝合（斜针缝合）

这是非常简单的缝合方法。有时会缝合半针（1根线），有时会缝合1针（2根线）。

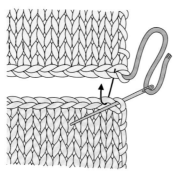

1 带有线头的织片放在上侧，将两片织片对齐放好。将毛线缝针穿入下侧织片的锁针的半针中。

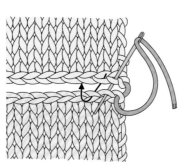

2 每次各挑取两片织片的锁针的外侧半针，将毛线缝针先穿入上侧织片再穿入下侧织片，拉线。

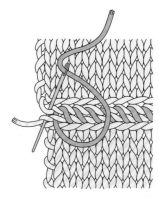

3 重复步骤2，最后也是将毛线缝针先穿入上侧织片再穿入下侧织片，完成。

使用钩针的方法

引拔接合的大小最好与织片的针目相同。

引拔接合　用于肩部的接合等。将针目与针目连接在一起。

● 针数相同的情况

1 将两片织片正面相对对齐，用左手拿着，将钩针插入两片织片边上的针目中。

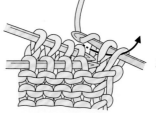

2 挂线，2针一起引拔。

3 引拔后的样子。

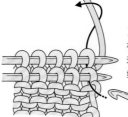

4 将钩针插入接下来的针目中，挂线，这次3针一起引拔。

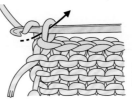

5 重复步骤4。从最后的线圈中引拔。

剪断

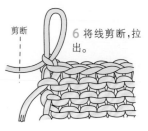

6 将线剪断，拉出。

● 针数不同的情况

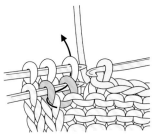

1 将钩针插入前织片的2针和后织片的1针中，挂线，4针一起引拔。

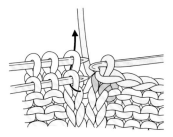

2 随后将钩针插入前织片的1针和后织片的1针中，挂线，3针一起引拔。

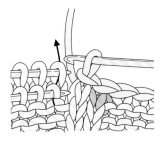

3 重复"将钩针插入前织片的针目和后织片的针目中，挂线，一起引拔"。

盖针接合 用于肩部的连接等。具有伸缩性。

● 使用钩针的情况

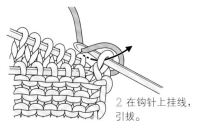

1 将两片织片正面相对对齐，将钩针插入两片织片边上的针目中，将后织片的针目从前织片的针目中拉出。

2 在钩针上挂线，引拔。

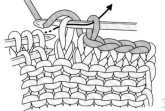

3 重复步骤1、2。

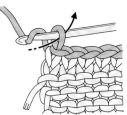

4 最后从钩针上剩余的针目中将线拉出，将线剪断。

● 使用棒针的情况

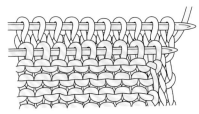

1 将两片织片正面相对对齐。

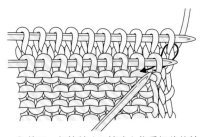

2 使用一根棒针（无堵头）将后织片的针目从前织片的针目中拉出。

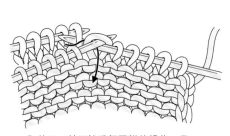

3 从下一针开始重复同样的操作。只有后织片上的针目留在了棒针上。

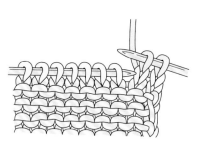

4 用边上留出的线做伏针收针。边上的2针编织下针。

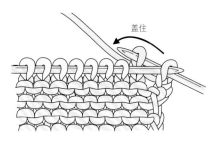

5 使用左棒针的针尖，挑取右棒针上右侧的针目，盖住。

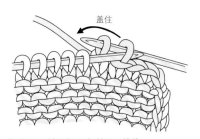

6 从下一针开始重复编织、盖住。

133

行与行的连接方法

将织片的行与行连接在一起的方法,在胁部、袖下等位置使用。正面朝上摆放,用毛线
缝针挑取织片的横向渡线(下半弧),拉线。缝合线最长45cm,比较容易操作。

挑针缝合

下针编织

● 直线部分的情况

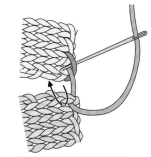

1 下侧织片、上侧织片均使用
毛线缝针挑取起针的线。

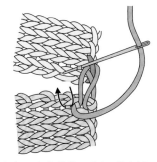

2 每一行交替挑取边上1针内侧
的下半弧,拉紧缝合线。

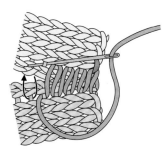

3 重复"挑取下半弧,拉缝合线"。
将缝合线拉至看不到的程度。

● 有加针的情况

1 将毛线缝针从加针(扭针)的
十字部分的下侧插入。

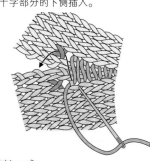

2 再从另一侧加针的十字部
分的下侧插入。

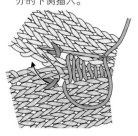

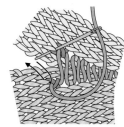

3 接下来挑取加
针的十字部分与
下一行的边上1针
内侧的下半弧(另
一侧也如此)。

● 有减针的情况

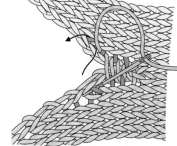

1 减针部分,将
毛线缝针插入边
上1针内侧的下
半弧和减针时重
叠在下侧的针目
的中心,拉线(另
一侧也如此)。

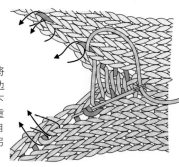

2 再一起挑取减
针部分和下一行
的边上1针内侧
的下半弧(另一
侧也如此)。

(半针内侧的挑针缝合) 适用于织片的边编织得比较平整的情况。缝合后比较薄,适用于粗线。

● 直线部分的情况

1 下侧织片、
上侧织片均挑
取起针的线。

2 挑取边上针目的横线和外侧半针。

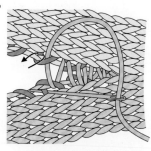

3 拉线时注意不要使其打结,小
心地将缝合线拉至看不到的程度。

起伏针

● 直线的情况

`每2行缝合`

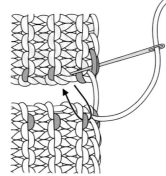

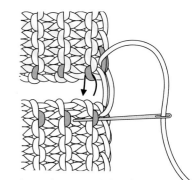

1 挑取下侧织片的起针的线。

2 挑取上侧织片的起针的线。

3 每2行挑取下侧织片1针内侧的朝下的针目、上侧织片边上的朝上的针目。

💟 **小贴士**

挑针缝合，是要将缝合线拉至看不到的程度。拉到位后，线将不会再动，请大家一边缝合一边确认是否拉出了所需的效果。

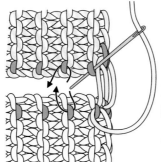

4 交替挑取1针内侧的朝下的针目（下半弧）和边上的朝上的针目（上半弧）。

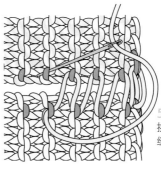

5 重复"每2行挑取针目，拉紧缝合线"。

`每1行缝合`

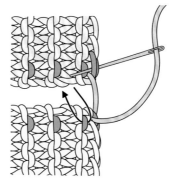

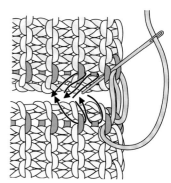

1 挑取下侧织片的起针的线。

2 挑取上侧织片的起针的线、下侧织片边上1针内侧的下半弧。

3 各行的下针、上针均挑取边上1针内侧的下半弧，进行缝合。

● 有加针的情况

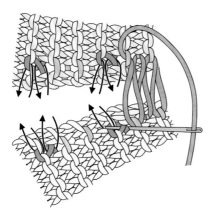

将毛线缝针从加针（扭针）的十字部分的下侧插入。下一行在加针的十字部分入针，并一起挑取边上1针内侧的下半弧。

● 有减针的情况

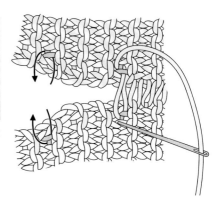

一起挑取减针时重叠在下侧的针目和下一行的下半弧。

单罗纹针

● **从编织起点侧开始缝合的情况**
〈从单罗纹针的起针开始的情况〉

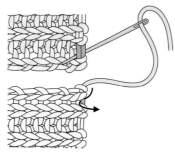

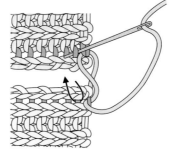

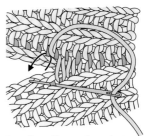

1 挑取上侧织片和下侧织片的编织起点边上1针内侧的下半弧。

2 接下来交替挑取每1行的边上1针内侧的下半弧。

3 重复"挑取下半弧,拉紧缝合线"。

● **从编织终点侧开始缝合的情况**
〈单罗纹针收针的情况〉

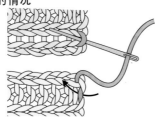

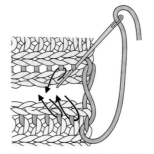

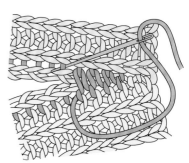

1 挑取上侧织片和下侧织片的罗纹针收针的边上1针内侧的线。

2 接下来交替挑取每1行的边上1针内侧的下半弧。

3 重复"挑取下半弧,拉紧缝合线"。

● **在中途改变了编织方向的情况**
〈交界处没有加减针的情况〉

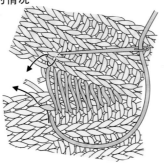

到了交界处,下侧织片向外侧错半针、上侧织片向内侧错半针,挑取下一针的边上1针内侧的下半弧。

〈在边上罗纹针减了1针的情况〉

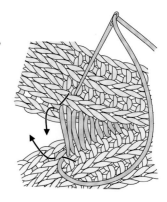

到了交界处,向外侧错半针,挑取下一针的边上1针内侧的下半弧。

（半针内侧的挑针缝合）

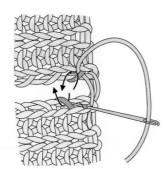

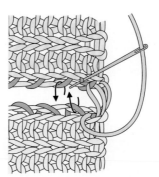

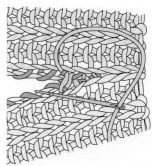

1 下侧织片、上侧织片均挑取起针的线。

2 挑取边上针目的横线和外侧的半针。

3 拉线时注意不要使其打结,小心将缝合线拉至看不到的程度。

双罗纹针

双罗纹针

● **从编织起点侧开始缝合的情况** 〈从双罗纹针的起针开始的情况〉

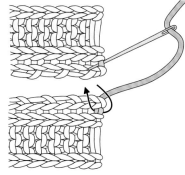
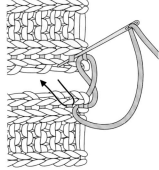
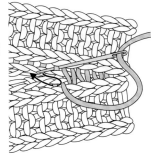

1 挑取上侧织片和下侧织片的编织起点的边上1针内侧的下半弧。

2 接下来交替挑取每1行的边上1针内侧的下半弧。

3 重复"挑取下半弧,拉紧缝合线"。

● **从编织终点侧开始缝合的情况** 〈双罗纹针收针的情况〉

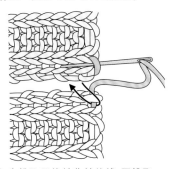
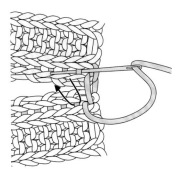
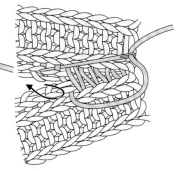

1 先挑取罗纹针收针的线,再挑取上侧织片和下侧织片的罗纹针收针的边上1针内侧的下半弧。

2 交替挑取上侧织片和下侧织片边上1针内侧的下半弧的1根线。

3 重复"挑取下半弧,拉紧缝合线"。

● **在中途改变了编织方向的情况**
〈交界处没有加减针的情况〉

〈在边上罗纹针减了1针的情况〉

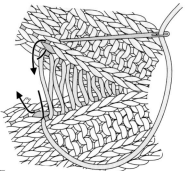

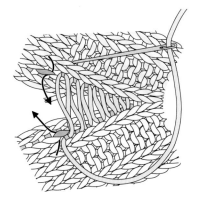

交替挑取边上1针内侧的下半弧的1根线,到了交界处,下侧织片向外侧错半针,上侧织片向内侧错半针,挑取下一针的边上1针内侧的下半弧。

交替挑取边上1针内侧的下半弧的1根线,到了交界处,边上的针目按照箭头的方向各向外侧错半针,挑取下一针的边上1针内侧的下半弧。

> **使用毛线缝针处理时线要短一些**
>
> 使用毛线缝针处理时,线如果太长很容易打结,不好处理,因为要穿过针目很多次,有时线还会起毛,所以推荐大家使用40~45cm的线,在线不够长的时候再加入新线继续缝合。

上针编织

● 直线部分的情况

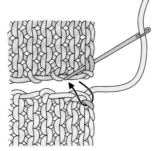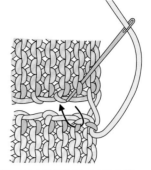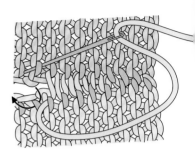

1 下侧织片、上侧织片均使用毛线缝针挑取起针的线。

2 每一行交替挑取边上1针内侧的下半弧,拉紧缝合线。

3 重复"挑取下半弧,拉紧缝合线"。

● 有加针的情况

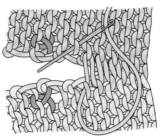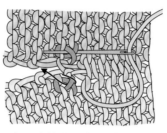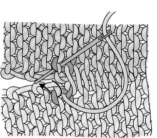

1 到加针位置为止,每一行交替挑取边上1针内侧的下半弧进行缝合。

2 将毛线缝针分别从两侧的加针(扭针)的十字部分的下侧插入。

3 接下来一起挑取加针的十字部分与下一行的边上1针内侧的下半弧。

● 有减针的情况

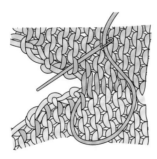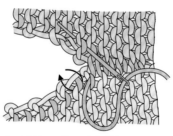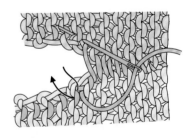

1 到减针位置为止,每一行交替挑取边上1针内侧的下半弧进行缝合。

2 减针部分,将毛线缝针插入边上1针内侧的下半弧和减针时重叠在下侧的针目的中心,拉线。

3 接下来一起挑取减针部分和下一行的1针内侧的下半弧。

怎么办?

缝合线不够长时的加线方法

从线不够的地方开始,用下一根线缝合。缝合完成后,再将线头藏在反面。

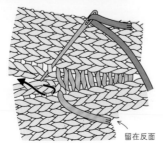

1 缝合线的线头剩5~6cm时,使用新的线缝合。线头留在反面。

留在反面

藏线头

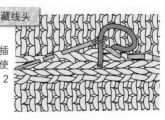

2 将毛线缝针插入缝份的线中,使线头穿入其中。2个线头分别藏。

引拔接合　主要用于上衣袖等。方法很简单,推荐初学者使用。

● 接合行

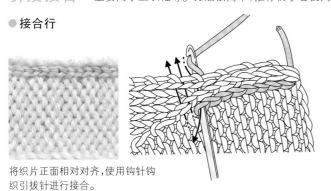

将织片正面相对对齐,使用钩针钩织引拔针进行接合。

● 接合曲线

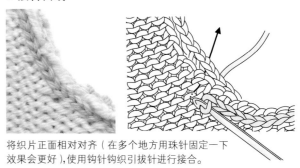

将织片正面相对对齐(在多个地方用珠针固定一下效果会更好),使用钩针钩织引拔针进行接合。

半回针缝　主要用于上衣袖等。缝合更加稳固。粗线时可以使用分股线。

● 缝合行

半回针缝的线的走向

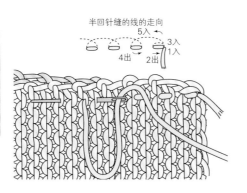

将织片正面相对对齐,毛线缝针垂直地穿入、穿出织片进行缝合。

● 缝合曲线

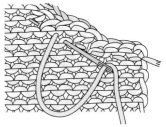

将织片正面相对对齐(在多个地方用珠针固定一下效果会更好),毛线缝针垂直地穿入、穿出织片进行缝合。

关于分股线

反向拧松1根线,将其一分为二,拆开的线就叫作分股线,用于上衣袖、缝纽扣等。易断的线、装饰很多的线等,不适合分股。

向前绕

1 剪取30~40cm的线,在中间的位置,反向拧原来的劲儿。

2 线逐渐分开。

3 分成了两份。

4 重新给分股线拧劲儿,蒸汽熨烫。

怎么办?

将线穿到毛线缝针中的方法

1 将线对折,挂在针尾上,用手指压住线后,将针抽出。

2 将针孔朝上,套到两指之间的线上。

3 将线穿入后,从针孔中将线头拉出。

挑针

从织片上拉出新的线而形成新的针目,叫作"挑针"。在编织下摆、袖口、衣领、前门襟等位置时会用到。

从另线锁针的起针上挑针

● 拆掉另线锁针的方法——从另线锁针的编织终点开始挑针编织的情况

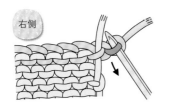

1 看着织片的反面,将棒针插入另线锁针的里山中,将线头拉出。

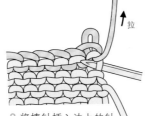

2 将棒针插入边上的针目中,拆掉另线锁针。

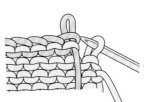

3 拆掉1针后的样子。

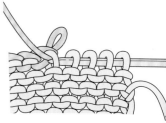

4 一针一针地一边拆掉另线锁针一边将针目移至棒针上。

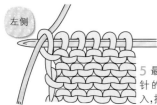

5 最后的针目保持扭针的状态,将棒针插入,拉出另线锁针的线。

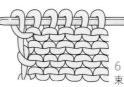

6 针目移动结束后的样子。

> **小贴士**
>
> 拆掉另线锁针而移至棒针上的针目不算作1行。加入新的线编织的第1行是挑针的行。

第1行 （挑取与起针相同数量的针目的情况）

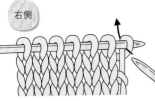

1 翻转织片,将右棒针从织片前侧插入右端的针目中。

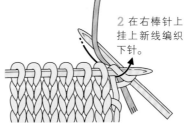

2 在右棒针上挂上新线编织下针。

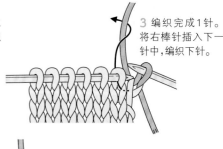

3 编织完成1针。将右棒针插入下一针中,编织下针。

4 之后,一直编织下针。

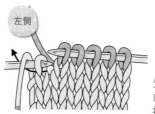

5 改变左端针目的朝向,将线头由后向前挂线,一起编织下针。

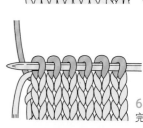

6 第1行的编织完成。

第1行 （挑针时在右端减1针的情况）

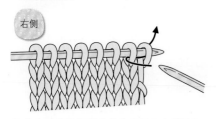

1 将右棒针按照箭头的方向插入右端的2针中。

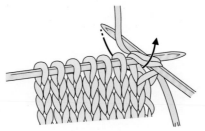

2 在右棒针上挂上新线,编织下针。

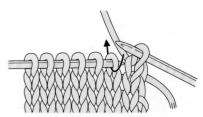

3 编织完成1针。将右棒针插入下一针中,编织下针。

第四章

● 拆掉另线锁针的方法——从另线锁针的编织起点开始挑针编织的情况

使用没有堵头的棒针。

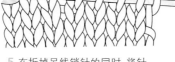

右侧

1 看着织片的正面,将棒针插入另线锁针的里山中,将线头拉出。

2 拆开线头后的样子。

3 将棒针插入右端的针目中,用另一根棒针将另线锁针的线头拉出。

拉出

4 在拆掉另线锁针的同时,将下一针移至棒针上。

5 在拆掉另线锁针的同时,将针目移至棒针上,直到最后。

左侧

6 最后,将左端的线头由后向前挂线。第1行从右侧开始与第140页的步骤相同。

从手指起针上挑针

● 下针编织的情况

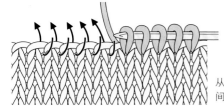

从针目与针目之间逐一挑针。

● 上针编织的情况

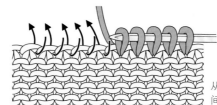

从针目与针目之间逐一挑针。

从伏针上挑针

● 下针编织的情况

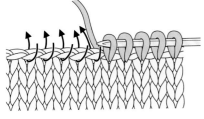

从每针上挑取1针。

需要多挑几针时,在针目与针目之间也可以挑针。

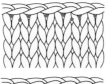

需要少挑几针时,在适当的地方跳过一些针目。

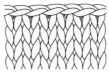

● 上针编织的情况

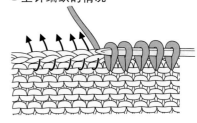

从每针上挑取1针。

左侧

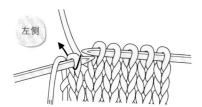

4 将线头由后向前挂线,将右棒针按照箭头的方向插入左棒针上最后的针目中,使针目移至右棒针上。

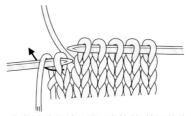

5 将移动的针目移回左棒针,按照箭头的方向插入右棒针,与线头一起编织下针。

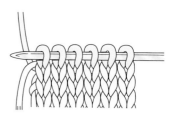

6 这是第1行的编织终点。

从行上挑针

● 下针编织的情况

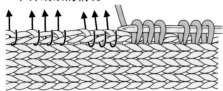

将棒针插入边上1针内侧的位置,挂线后将针目拉出。
（针数比行数少时,可以跳行。）

● 上针编织的情况

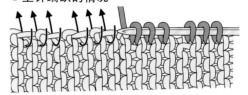

将棒针插入边上1针内侧的位置,挂线后将针目拉出。
（针数比行数少时,可以跳行。）

● 单罗纹针的情况

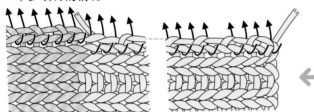

从边上1针内侧的位置挑取针目。遇到编织方向改变时,错开半针,从边上1针内侧的位置挑取针目。

为了让织片更加平整

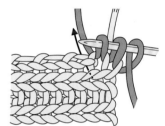

从罗纹针收针的织片上挑取针目时,为了让边儿更加平整,在挑针起点与挑针终点各做1针卷针加针。由于它们各算作1针,注意不要弄错挑针的总数。

卷针加针的方法
在左手食指上挂线,将右棒针从线的后侧插入,起1针。

从斜线、弧线上挑针

● 有减针的斜线的情况

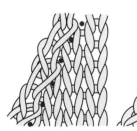

在1针内侧的位置挑取针目。遇到2针并1针针目重叠在一起时,将棒针插入下面的针目中。在减针位置会错开半针。

● 有扭针加针的斜线的情况

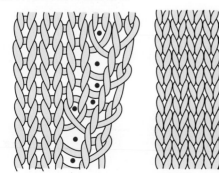

在1针内侧的位置挑取针目。遇到扭针加针时,将棒针插入针目的中心。在加针位置会错开半针。

● 有扭针加针的弧线的情况

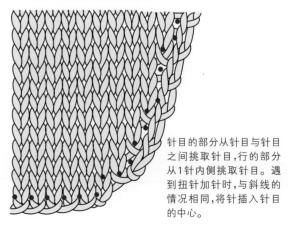

针目的部分从针目与针目之间挑取针目,行的部分从1针内侧挑取针目。遇到扭针加针时,与斜线的情况相同,将针插入针目的中心。

圆领的挑针

套头衫、开衫的要领相同,从行与针目上挑取针目。中间分为伏针的情况和休针的情况,休针时挂在棒针上的针目编织下针。

● 衣领的挑针位置

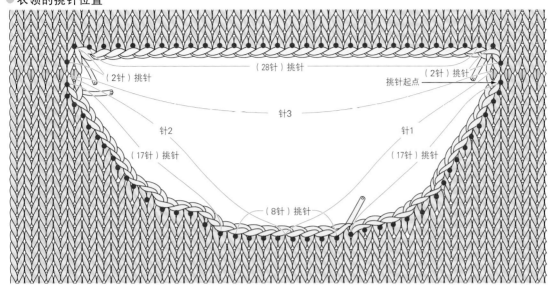

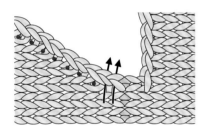

1 从左肩接合位置的旁边开始挑针。箭头及●标志是将线拉出的位置。

使用4根针组或环形针挑针。

2 将棒针插入第1个挑针的位置,将新线拉出。

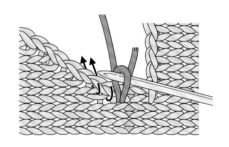

3 挑出了1针。参照衣领的挑针位置图,继续挑针。遇到2针并1针时,将棒针插入下面的针目中。

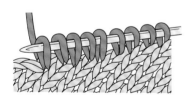

4 挑针至中间的伏针位置为止。

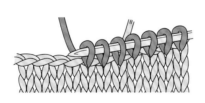

5 伏针的位置,将棒针插入针目的中间挑针。

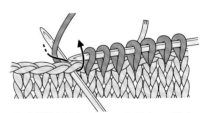

6 在前领窝的中心换下一根针(环形针保持不变),挑取针目。

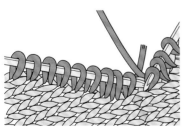

7 到后领窝的位置换针,挑针至第1圈的最后。

8 从第2圈开始按照作品的要求编织。使用4根针组时,有3根棒针上挂着针目,用第4根棒针编织。

V领的挑针及编织方法

中心的V领领尖的减针是重点。使用3根没有堵头的直针编织或使用环形针编织。

第1圈

1 将棒针插入左前肩1针内侧的位置,将新线挑出。

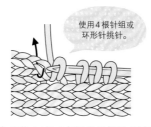

使用4根针组或环形针挑针。

2 在边上1针内侧的位置挑针,减针位置的针目重叠在一起时,将棒针插入下面的针目中。在左前领的斜线上挑取针目。

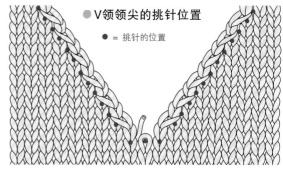

● V领领尖的挑针位置

● = 挑针的位置

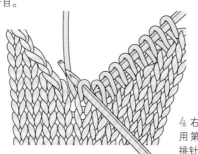

3 将第2根棒针插入前领窝的中心,编织下针。

4 右前领窝使用第2根棒针挑针。

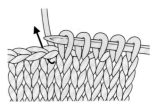

5 在右前领窝上挑针完成后,换针。后领窝的伏针部分,将棒针插入针目中挑针。

第2圈

1 挑针至后身片的左肩位置后,换针,接着第1圈最初的针目继续编织。

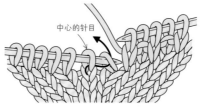

中心的针目

2 V领领尖编织中上3针并1针。按照箭头的方向,将右棒针插入中心及其右侧的针目中,将针目移至右棒针上。

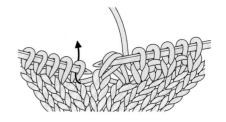

3 左棒针上的针目编织下针。

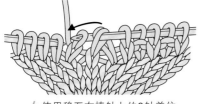

4 使用移至右棒针上的2针盖住这一针。

5 中上3针并1针完成。左侧与右侧对称编织。

6 在V领的领尖,做指定次数的减针(中上3针并1针)。

● **中心没有针目的情况**

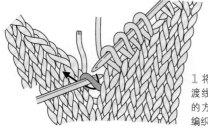

1 将第2根棒针插入渡线下侧,按照箭头的方向插入右棒针,编织下针。

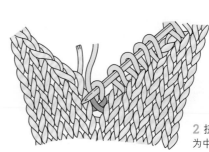

2 扭针完成。这是成为中心的针目。

POLO领的挑针及编织方法

在前身片中心的位置,左、右分别编织前门襟。在前门襟的行的一半的地方挑针编织衣领。
由于衣领要折回,编织时要注意正反面。男士前门襟左右两侧重合时的上下位置与此相反。

前门襟的编织及缝合

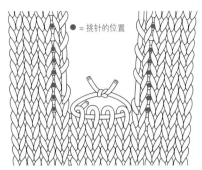

● = 挑针的位置

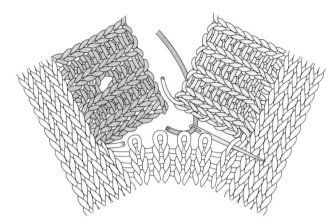

1 中间的针目穿入另线休针,左、右分别编织。
从左、右的前门襟位置上挑针编织,在两端各
做1针卷针加针。

2 拆掉另线,针目保持不动（图中省略了另线）,取
20cm左右的缝合线,从后侧将毛线缝针穿入前门襟缝合
止位的休针的右侧针目中。

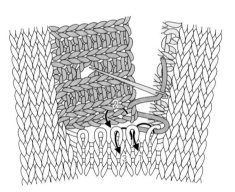

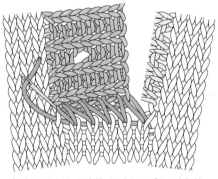

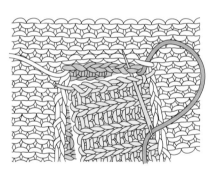

3 挑取右前门襟的1针内侧的单罗纹针收针
的线,将线拉出,随后按照箭头的方向将缝针
插入前门襟缝合止位的休针中。交替地插入
缝针,将前门襟的行与前门襟缝合止位的休
针的针目做对齐针目与行的缝合。

4 为了让大家看清楚,图中显示出了对齐针
目与行的缝合的缝合线,实际操作时要将线
拉至看不见的程度。线头留在反面备用。

5 翻至反面,用留在编织起点的线头,将左
前门襟与缝份做卷针缝合。

衣领的挑针

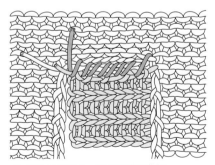

6 缝合后的样子。将多根线头藏好。

● = 挑针位置

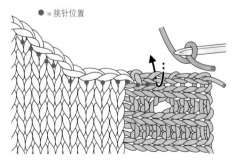

1 衣领从前门襟的中间开始,在边上做卷针加
针后开始挑针。

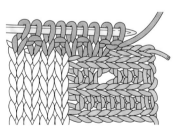

2 第2行编织单罗纹针,由于要折回,
边上编织2针。

上衣袖

上衣袖时,根据不同的形状有各种各样的方法。在这里将介绍3种有代表性的上衣袖的方法。

圆袖
(引拔接合的上法)

最常用的、将有弧线的袖窿与有袖山的衣袖缝合的方法。
事先将胁部、袖下缝合后再将衣袖上到袖窿上。

上衣袖的准备

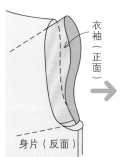

将身片翻至反面,放入衣袖,正面相对对齐。

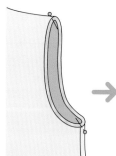

将胁部与袖下、肩与袖山的中心对齐,并别上珠针固定。

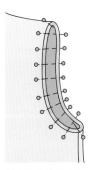

在两根珠针的中间位置别入新的珠针,重复若干次。(在缝合图中省略了。)

在边上1针内侧的位置接合。

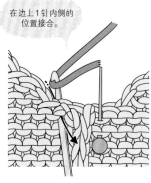

1 在紧挨着胁部挑针缝合的位置插入钩针,将线拉出。线头留出5cm左右备用。

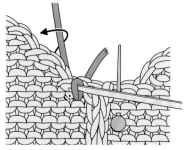

2 在其左侧的针目中入针,挂线。

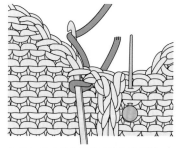

3 从织片及针上挂着的线圈中引拔。

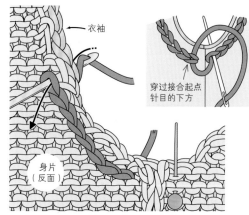

穿过接合起点针目的下方

4 按照每针1次、每3行2次的比例接合。编织终点将线头穿入毛线缝针中,穿过最初的针目的下方缝出1针。将线拉出至衣袖侧。

● 用半回针缝上衣袖的方法 (使用分股线)

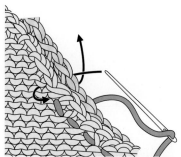

直线缝在1针内侧,弧线在稍内侧劈开线缝。不容易错位,可以缝得很结实的一种方法,但拆起来很困难、很费时间。初学者要特别注意。

插肩袖
(下针编织无缝缝合、挑针缝合的上法)

插肩袖从领窝开始到袖下是斜线(插肩线)。上衣袖的部分,身片与衣袖是相同的形状,袖下的腋下部分做下针编织无缝缝合,插肩线做挑针缝合。

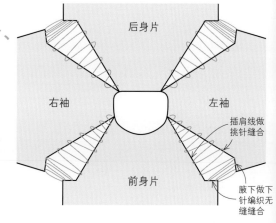

方形袖
（对齐针目与行缝合的上法）

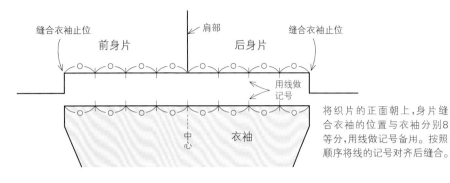

上衣袖的准备

袖窿不是弧线，而是直角的类型，称为方形袖。衣袖没有袖山而是平的。先上衣袖再接着缝合袖下和胁部。

缝合衣袖止位　肩部　缝合衣袖止位

前身片　后身片

用线做记号

中心　衣袖

将织片的正面朝上，身片缝合衣袖的位置与衣袖分别8等分，用线做记号备用。按照顺序将线的记号对齐后缝合。

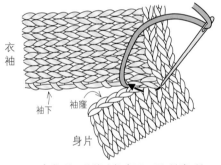

身片

衣袖

1 留20cm线头，从衣袖的反面插入毛线缝针，各挑半针进行缝合。

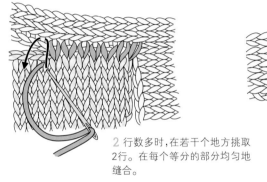

2 行数多时，在若干个地方挑取2行。在每个等分的部分均匀地缝合。

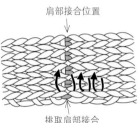

肩部接合位置

挑取肩部接合
（引拔接合）的线

3 在肩部接合的位置，挑取接合线。

衣袖

袖下　袖窿

身片

4 将剩下的线头拉出至正面，袖窿、袖下也使用同样的方法缝合。

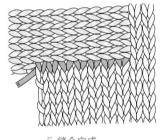

5 缝合完成。

💟 小贴士

将缝合线拉至看不见的程度（图中为了让大家看清缝合情况，画出了线的走势）。

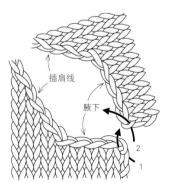

插肩线

腋下

2
1

1 将织片的正面朝上，按照顺序依次从两侧织片的反面插入毛线缝针。

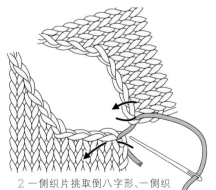

2 一侧织片挑取倒八字形、一侧织片挑取八字形，做下针编织无缝缝合。每个针目上穿2次针。

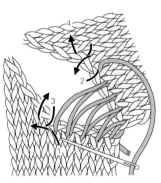

4
2
3

3 到了行的部分，挑针的位置每行错开半针，之后挑针缝合至领窝。

熨烫定型的方法

编织完成后,在织片的反面做蒸汽熨烫。

熨斗略离开织片悬在上方,注意不要压坏针目。

距离织片向上2~3cm,喷出足量的蒸汽熨烫。如果觉得歪了,就趁织片上的蒸汽还热的时候,用手轻柔地调整好。

拆过之后需要重新编织的线,一定要用蒸汽熨烫一下,以消除编织过的痕迹。

蒸汽熨烫的注意事项

①确认线的商品标签,若不能直接进行高温熨烫,请垫上熨烫垫布等。

②编织服装时,将各个部分编织完成后分别进行熨烫,组合起来将更加方便。(需要核对尺寸时,可以按照完成的尺寸仔细地别上珠针后再熨烫。)

③熨烫测量编织密度用的样片时,不要使用珠针固定,使针目呈现出自然的状态。

加入一点个性部分!

简单地调整尺寸的方法

作品的尺寸与自己不相称时,可以通过改变棒针的号数,来进行简单的尺寸调整。完成尺寸,1个号约改变5%,2个号约改变10%。使用差太多的号数的针编织的话,织片的感觉会发生变化,所以针号最多改变2个号为佳。

还可以通过换线来调整尺寸。看一下商品标签,相同的重量,线长越长线越细,越短越粗。此种情况下,调整尺寸的幅度比换针号更大,测量出自己的编织密度并与作品的编织密度进行比较,并掌握好差异后,再开始编织是非常重要的。

换棒针,整体的大小,1个号改变5%,2个号改变10%。

想使用不同的线编织时选线的要点

在选择线材的时候,要注意的是适合的针和线的重量、线长。与想要编织的作品的使用线进行比较,如果选择这两点与之相似的,就不会失败。由于线的特性不同,即便是相同的粗细,使用完全不同的针号的情况也有,所以不要只依靠看到的印象进行判断,一定要确认一下商品标签。无论是选择什么线,在编织之前,一定要先试织样片并测量好编织密度。复杂的花样使用平直毛线,下针编织的话选用有些个性的线材,镂空花样用马海毛线也不错,等等。在考虑织片适宜的毛线的同时,来编织只属于自己的毛衣,也是一件非常有趣的事。在熟悉了这些之后,一定要挑战一下!

尝试编织作品吧!

将学过的技巧进行组合，终于可以挑战真正的毛衣了，
先试着来完成一件吧!

❋ V领背心

这是带有条状配色花样的背心。
在自然的米色的基础上，蓝色与红色的配色十分突出。
由于是在没有加减针的部分编织配色花样，
边上的处理也非常简单。

设计/风工房
使用线/和麻纳卡Rich More Percent

【V领背心的编织方法】

- ✖线…和麻纳卡 Rich More Percent 米色（98）175g，淡绿色（12）15g，深棕色（76）10g，红色（64）5g，蓝绿色（26）5g，蓝色（106）5g，原色（3）5g，黄色（14）5g
- ✖针…棒针5号、4号、3号
- ✖编织密度…10cm×10cm 面积内：下针编织 25 针、32 行，配色花样 25 针、29 行
- ✖成品尺寸…胸围92cm，肩宽34cm，衣长55cm

`编织要点`

[后身片]手指起针，编织 24 行单罗纹针。换为 4 号棒针，继续编织下针编织。袖窿、领窝处的减针，2 针及 2 针以上时，做伏针减针，1 针时立侧边 1 针减针。肩部做留针的引返编织。

[前身片]与后身片的编织方法相同，在单罗纹针之后，使用 5 号棒针编织 66 行配色花样，再换为 4 号棒针继续编织下针编织。

[组合]肩部做盖针接合。袖窿、领窝分别挑取指定数量的针目，袖窿做往返编织，衣领做环形编织，编织终点，做下针织下针、上针织上针的伏针收针。胁部与袖窿接连在一起，使用毛线缝针挑针缝合。

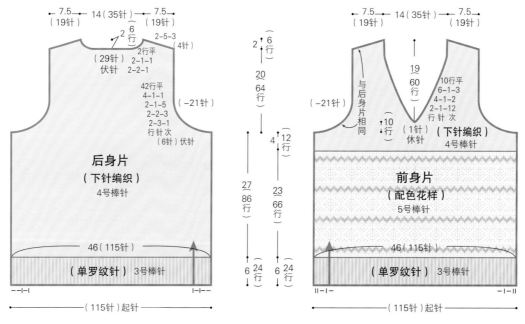

※除配色花样以外均使用米色线编织

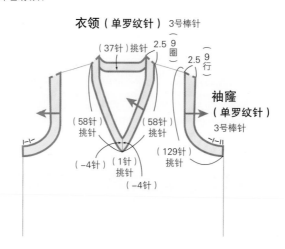

后领窝

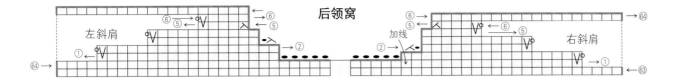

左斜肩　　　　　　　　　　　　　　　　　　加线　　　　右斜肩

配色花样

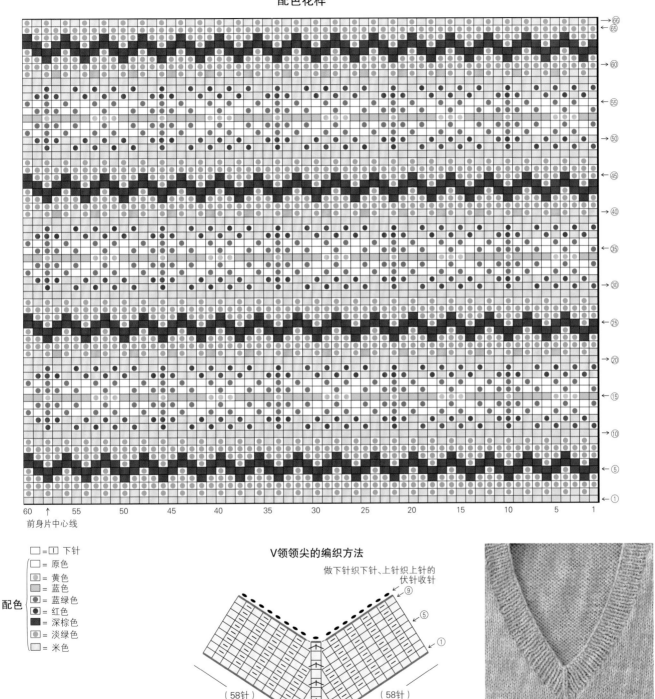

60　　↑　55　　　　50　　　　45　　　　40　　　　35　　　　30　　　　25　　　　20　　　　15　　　　10　　　　5　　　　1
前身片中心线

□ = □ 下针

□ = 原色

配色
- ◉ = 黄色
- ▨ = 蓝色
- ● = 蓝绿色
- ◉ = 红色
- ■ = 深棕色
- ◉ = 淡绿色
- □ = 米色

V领领尖的编织方法

做下针织下针、上针织上针的
伏针收针
⑨
⑤
①

（58针）　　　　　　　　（58针）

□ = □ 下针

（1针）

✳ 套头衫

这是由菱形花样与麻花花样组成的圆领阿兰花样套头衫。
九分袖营造了轻快的风格。
领窝的弧线处，一边减针一边编织花样。

设计/风工房
使用线/和麻纳卡Rich More Spectre Modem

❋ 长款马甲

这是穿起来十分帅气的中性款马甲。
设计了名为"生命之树"的阿兰花样。
左右两侧的口袋是一大亮点。

设计/风工房
使用线/和麻纳卡Aran Tweed

【套头衫的编织方法】

✖线…和麻纳卡 Rich More Spectre Modem 蓝色（23）400g

✖针…棒针9号、7号

✖编织密度…10cm×10cm 面积内：下针编织 19针、23行；编织花样A 1个花样 42
针为16cm，23行为10cm；编织花样B 1个花样 20针为8cm，23行为10cm

✖成品尺寸…胸围94cm，肩宽38cm，衣长53.5cm，袖长39cm

编织要点

[前、后身片] 手指起针，编织16行双罗纹针。换为9号棒针，组合编织下针编织和编织花样A。
袖隆、领窝处的减针，2针及2针以上时，做伏针减针，1针时立起侧边1针减针。

[衣袖] 使用与身片同样的方法编织，编织花样A换为编织花样B。袖下加针时，编织扭针加针，
袖山处的减针，2针及2针以上时，做伏针减针，1针时立起侧边1针减针。

[组合] 肩部做盖针接合，胁部、袖下使用毛线缝针挑针缝合。衣领挑取指定数量的针目，环形
编织双罗纹针，编织终点，做下针织下针、上针织上针的伏针收针。使用钩针将衣袖引拔接合到
身片上。

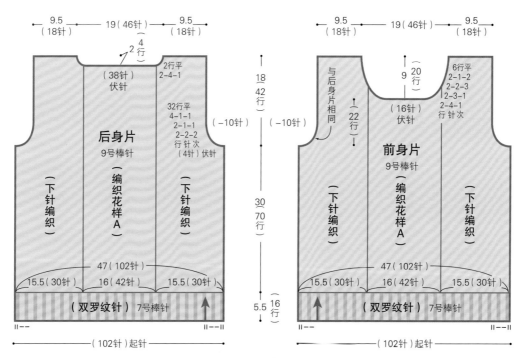

后身片
9号棒针
（编织花样A）
（下针编织）（下针编织）
47（102针）
15.5（30针）16（42针）15.5（30针）
（双罗纹针）7号棒针
（102针）起针

9.5（18针） 19（46针） 9.5（18针）
2-4
行
（38针）伏针
2行平 2-4-1
32行平 4-1-1 2-1-1 2-2-2 行针次 （4针）伏针

前身片
9号棒针
（编织花样A）
（下针编织）（下针编织）
47（102针）
15.5（30针）16（42针）15.5（30针）
（双罗纹针）7号棒针
（102针）起针

9.5（18针） 19（46针） 9.5（18针）
9 （20行）
6行平 2-1-2 2-2-3 2-3-1 2-4-1 行针次
（16针）伏针
与后身片相同
22行

18（42行）（-10针）（-10针）
30（70行）
5.5（16行）

衣领（双罗纹针）
7号棒针

（40针）挑针
3（8圈）
（60针）挑针

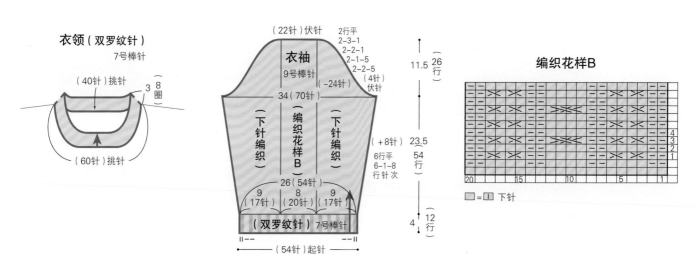

衣袖
9号棒针
（编织花样B）
（下针编织）（下针编织）
（-24针）
34（70针）
（+8针）
26（54针）
9（17针）9（20针）9（17针）
（双罗纹针）7号棒针
（54针）起针

（22针）伏针
2行平 2-3-1 2-2-1 2-1-5 2-2-5 行针次 （4针）伏针
11.5（26行）
23.5（54行）
6行平 6-1-8 行针次
4（12行）

编织花样B

																				4
																				3
																				2
																				1

20　　15　　10　　5　　1

□=□ 下针

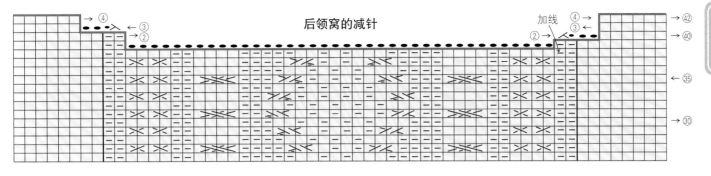

后领窝的减针

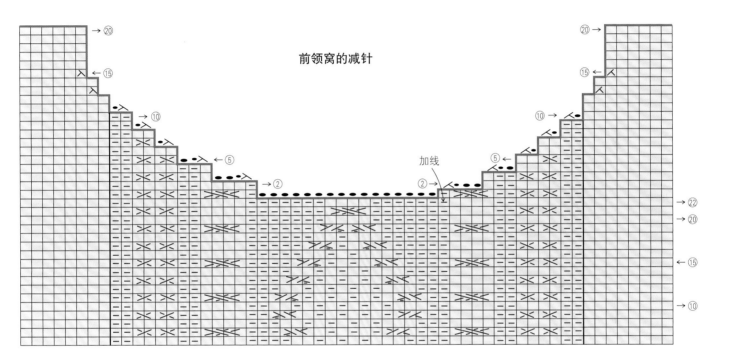

前领窝的减针

加线

编织花样A

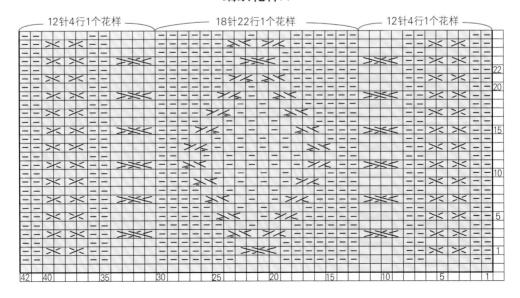

□ = ① 下针

155

【长款马甲的编织方法】

- ✖ 线…和麻纳卡 Aran Tweed 浅茶色（2）360g
- ✖ 针…棒针8号、6号
- ✖ 其他…直径22mm的纽扣7颗
- ✖ 编织密度…10cm×10cm面积内：下针编织18针、24行；编织花样1个花样19针
  为8.5cm，24行为10cm
- ✖ 成品尺寸…胸围93cm，肩宽36cm，衣长67cm

编织要点

[后身片]手指起针，编织8行双罗纹针。换为8号棒针，组合编织下针编织和编织花样。胁部、
袖隆、领窝处的减针，2针及2针以上时，做伏针减针，1针时立起侧边1针减针。

[前身片]使用与后身片同样的方法编织，在指定的位置编织口袋（插袋）。

[组合]肩部做盖针接合。袖隆处挑取指定数量的针目，做往返编织，编织终点做下针织下针、
上针织上针的伏针收针。胁部与袖隆连在一起，使用毛线缝针挑针缝合。在前门襟、衣领位
置挑取指定数量的针目，并在挑针起点与挑针终点做卷针加针。右前门襟，在编织扣眼的同时，
编织8行双罗纹针。

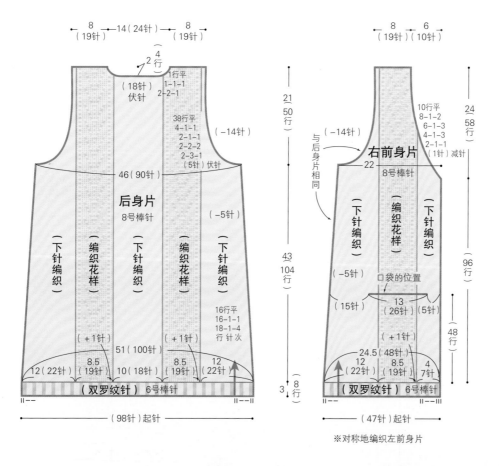

※对称地编织左前身片

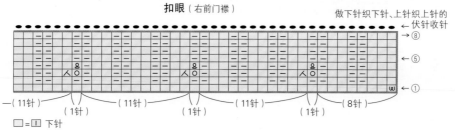

扣眼（右前门襟）

□=□ 下针

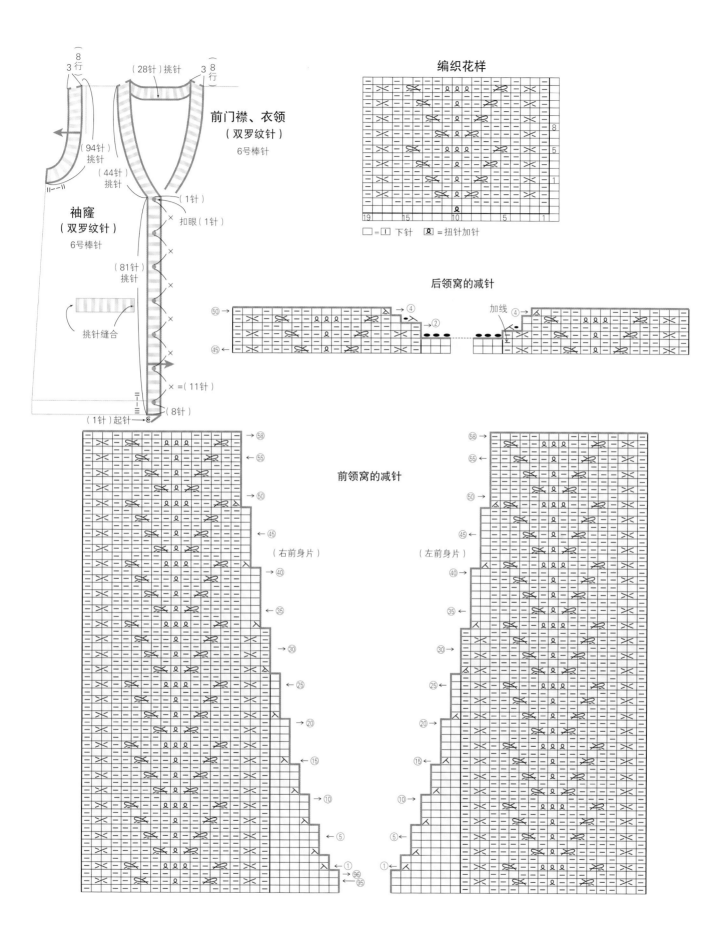

编织花样

□ = 1 下针　　2 = 扭针加针

后领窝的减针

前门襟、衣领
（双罗纹针）
6号棒针

袖窿
（双罗纹针）
6号棒针

（28针）挑针

（94针）挑针

（44针）挑针

（81针）挑针

挑针缝合

（1针）

扣眼（1针）

× =（11针）

（8针）

（1针）起针

前领窝的减针

（右前身片）

（左前身片）

加线

Index 索引

本书中的用线

芭贝
Queen Anny　羊毛100%　50g/团，约97m　中粗　6、7号棒针
British Eroika　羊毛100%（使用英国羊毛50%以上）50g/团，约83m　极粗　8~10号棒针
Bottonato　羊毛100%　40g/团，约94m　中粗　7~9号棒针

钻石线
Dia Mohair Deux<Alpaca>　马海毛（kid mohair）40%、羊驼毛（baby alpaca）10%、腈纶50%　40g/团，约160m
中粗　6、7号棒针

和麻纳卡
Aran Tweed　羊毛90%、羊驼毛10%　40g/团，约82m　极粗　8~10号棒针
Sonomono Alpaca Wool　羊毛60%、羊驼毛40%　40g/团，约60m　极粗　10~12号棒针

和麻纳卡Rich More
Spectre Modem　羊毛100%　40g/团，约80m　极粗　8~10号棒针
Bacara Epoch　羊驼毛33%、羊毛33%、马海毛24%、锦纶10%　40g/团，约80m　中粗　7、8号棒针
Percent　羊毛100%　40g/团，约120m　粗　5~7号棒针

备案号：豫著许可备字-2015-A-00000465

图书在版编目（CIP）数据

最新版棒针编织基础 / 日本宝库社编著；冯莹译.—郑州：河
南科学技术出版社，2017.9（2024.2重印）
　ISBN 978-7-5349-8875-2

　Ⅰ.①最… Ⅱ.①日… ②冯… Ⅲ.①毛衣针-绒线-编织-图
解 Ⅳ.①TS935.522-64

　中国版本图书馆CIP数据核字(2017)第181115号

出版发行：河南科学技术出版社
　　　　　地址：郑州市郑东新区祥盛街 27 号　　邮编：450016
　　　　　电话：（0371）65737028　　　65788613
　　　　　网址：www.hnstp.cn
策划编辑：刘　欣
责任编辑：梁　娟
责任校对：马晓灿
封面设计：张　伟
责任印制：张艳芳
印　　刷：北京盛通印刷股份有限公司
经　　销：全国新华书店
开　　本：889 mm×1 194 mm　　1/16　　印张：10　　字数：280千字
版　　次：2017年9月第1版　　2024年2月第9次印刷
定　　价：69.00元

如发现印、装质量问题，影响阅读，请与出版社联系并调换。